奇妙的动植物世界 | 生物百科

身上有口袋的动物

王 建 编著

中州古籍出版社

图书在版编目(CIP)数据

身上有口袋的动物 / 王建编著. — 郑州：中州古籍出版社, 2016.2
ISBN 978-7-5348-5957-1

Ⅰ.①身… Ⅱ.①王… Ⅲ.①有袋目–普及读物
Ⅳ.①Q959.82-49

中国版本图书馆 CIP 数据核字(2016)第 037042 号

策划编辑：吴　浩
责任编辑：翟　楠　唐志辉
装帧设计：严　潇
图片提供：◌◌ fotolia
出版社：中州古籍出版社
　　　　(地址：郑州市经五路 66 号　电话：0371—65788808　65788179
　　　　邮政编码：450002)
发行单位：新华书店
承印单位：河北鹏润印刷有限公司
开本：710mm×1000mm　　　　　　1/16
印张：8　　　　　　　　　　　字数：99 千字
版次：2016 年 5 月第 1 版　　　印次：2017 年 7 月第 2 次印刷

定价：27.00 元

本书如有印装质量问题,由承印厂负责调换。

前 言 PREFACE

　　广袤太空，神秘莫测；大千世界，无奇不有；人类历史，纷繁复杂；个体生命，奥妙无穷。我们所生活的地球是一个灿烂的生物世界。小到显微镜下才能看到的微生物，大到遨游于碧海的巨鲸，它们都过着丰富多彩的生活，展示了引人入胜的生命图景。

　　生物又称生命体、有机体，是有生命的个体。生物最重要和最基本的特征是能够进行新陈代谢及遗传。生物不仅能够进行合成代谢与分解代谢这两个相反的过程，而且可以进行繁殖，这是生命现象的基础所在。自然界是由生物和非生物的物质和能量组成的。无生命的物质和能量叫做非生物，而是否有新陈代谢是生物与非生物最本质的区别。地球上的植物约有50多万种，动物约有150多万种。多种多样的生物不仅维持了自然界的持续发展，而且构成了人类赖以生存和发展的基本条件。但是，现存的动植物种类与数量急剧减少，只有历史峰值的十分之一左右。这迫切需要我们行动起来，竭尽所能保护现有的生物物种，使我们的共同家园更美好。

本书以新颖的版式设计、图文并茂的编排形式和流畅有趣的语言叙述，全方位、多角度地探究了多领域的生物，使青少年体验到不一样的阅读感受和揭秘快感，为青少年展示出更广阔的认知视野和想象空间，满足其探求真相的好奇心，使其在获得宝贵知识的同时享受到愉悦的精神体验。

生命正是经过不断演化、繁衍、灭绝与复苏的循环，才形成了今天这样千姿百态、繁花似锦的生物界。人的生命和大自然息息相关，就让我们随着这套书走进多姿多彩的大自然，了解各种生物的奥秘，从而踏上探索生物的旅程吧！

目 录 CONTENTS

第一章
世界上现存的有袋类动物

　　有袋类动物，以没有真正的胎盘，出生时幼兽发育不全，需要在育儿袋内抚育后代为特征。现只有在大洋洲和南美洲保存有并且非常繁盛。现存的有袋类动物可以分成美洲的负鼠、新袋鼠，大洋洲的袋鼠、袋狸和袋貂5大类。有袋类动物的育儿袋中也有乳头，幼儿也是吃奶长大的。由于有袋类动物的幼儿出生时的样子非常不成熟，所以从进化学的角度看，它们比普通胎生动物更低级原始。

有袋类动物的分布

　　有袋类动物是哺乳纲后兽亚纲所有动物的总称。世界上现有约240种有袋类动物，分为负鼠科、袋鼬科、袋鼹科、袋狸科、新袋鼠科、袋貂科、袋熊科、袋鼠科等10多个科，其中有约170种左右生活在澳大利亚及其附近岛屿，如袋鼠、考拉等，澳大利亚是名副其实的"有袋类动物之国"。另外，有约70种有袋类动物生活在南美洲的草原地带，如负鼠等。

分布于大洋洲的原因

在白垩纪晚期及第三纪早期之前，大洋洲就已经与其他大陆分离开来，形成一个"世外桃源"，孤立于太平洋与印度洋之间，不仅肉食性等高等哺乳动物未能侵入，而且气候环境等也没有发生太大的变化。这使得有袋类动物能够幸运地生存至今。并且由于适应各种不同的生活方式，发展了类似于高等哺乳动物的各种生态类群，如生活方式类似于狼、鼬等肉食性动物的袋狼、袋鼬，生活方式类似于鹿、羊和羚羊等草食性动物的袋鼠，生活方式类似于旱獭、松鼠、野兔等啮齿类或兔类的袋熊、袋貂和袋兔，等等。

大洋洲也因此成为研究动物的适应辐射和进化趋同的重要地区，并被称为"活化石的博物馆"。

分布于南美洲的原因

现存有袋类动物分布于南美洲的原因，有人认为是由于一些偶然的机会，使体形较小、过树栖生活的有袋类动物的祖先，借助于大树树干或其他物体漂洋过海来到美洲，由于这里的天敌相对较少，因此得到生存和繁衍；也有人认为它们原本就属于当地，只是因为天敌较少而得到生存和繁衍。

袋 鼠

袋鼠原产于澳大利亚大陆和巴布亚新几内亚的部分地区，其中，有些种类为澳大利亚所独有。所有澳大利亚袋鼠，除动物园和野生动物园里的之外，都在野地里生活。不同种类的袋鼠生活在澳大利亚各种不同的自然环境中，如凉性气候的雨林和沙漠、平原以及热带地区。

袋鼠简介

袋鼠是一种有袋类动物，属于袋鼠科，"袋鼠"一词通常用来指袋鼠科中体形最大的几个物种。一般而言，大型袋鼠面对人类在澳洲的开发有较强的适应性；

相比之下，它们的许多小型亲戚则面临着较大的生存威胁，数量也较少。目前虽然没有大规模的袋鼠养殖业，但野生的袋鼠会被猎杀并制成食用肉品，而此种产业也具有很大的争议性。

袋鼠是澳洲的象征之一，澳大利亚的国徽上左边的是袋鼠，右边的是鸸鹋。

在一些澳洲货币上也有袋鼠的图案。许多澳洲的组织团体，如澳洲航空，也将袋鼠作为其标志。澳大利亚军队的车辆和舰船在海外执行任务时，很多时候都会涂上袋鼠标志。

袋鼠的外形特征

袋鼠是草食性动物，吃多种植物，有的还吃真菌类。它们大多在夜间活动，但也有些在清晨或傍晚活动。

所有袋鼠不论体形大小，都有一个共同点：长着长脚的后腿强健而有力。袋鼠以跳代跑，最高可跳4米，最远可跳13米，可以说是跳得最高最远的哺乳动物，如果它们去参加奥运会，一定能拿到"双跳冠军"。

　　大多数袋鼠在地面生活，从它们后腿跳跃的方式很容易便能将其与其他动物区分开。

　　袋鼠在跳跃过程中用尾巴保持平衡，当它们缓慢走动时，尾巴则可作为第五条腿。袋鼠的尾巴又粗又长，长满肌肉，既能在休息时支撑身体，又能在跳跃时帮助跳得更快更远。

　　所有雌性袋鼠都长有前开口的育儿袋，但雄性没有，育儿袋里有四个乳头。幼崽在育儿袋里被抚养长大，直到它们能在外部世界生存为止。

　　袋鼠属有袋鼠科，结指鼠儿亚目，袋鼠目，有袋类，哺乳动物纲，脊索动物门，它们是澳大利亚著名的哺乳动物，在澳洲占有很重要的生态地位。袋鼠前肢短小，前爪可以抓握东西，后肢特别发达，常常以前肢举起，后肢坐地，一般身高约2米，体重约100千克。

　　袋鼠通常作为澳大利亚的国家标志，如绿色三角形袋鼠用来代表澳大利亚制造。

袋鼠图还经常出现在澳大利亚公路上，表示附近常有袋鼠出没，特别是夜间行车要注意。袋鼠的视力很差，加上对灯光的好奇会跳过去"看个究竟"，所以时常会被撞死。但因为袋鼠的繁殖率较高，所以即使不小心撞死了也不需要负责，会有专门的人把袋鼠尸体收走。

袋鼠通常以群居为主，有时可多达上百只，但也有些较小体质的袋鼠会单独生活。袋鼠不会行走，只会跳跃，或在前肢和后肢的帮助下跳跃前行。

袋鼠通常在野外生活，也有可能被人饲养。

袋鼠是怎么繁衍后代的

袋鼠每年生殖1～2次，小袋鼠在受精30～40天后即出生，非常小，无视力，少毛，生下后立即进入袋鼠妈妈的育儿袋里，直到6～7个月后才开始短时间地离开育儿袋生活。一年后才能正式断奶，离开育儿袋，但仍活动在袋鼠妈妈附近，以便随时得到帮助和保护。

袋鼠妈妈可同时拥有一只在袋外的小袋鼠、一只在袋内的小袋鼠和一只待产的小袋鼠。

小袋鼠长到4个月的时候，全身的毛长齐了，背部黑灰色，腹部浅灰色，看上去非常漂亮。

5个月时，有时候小袋鼠探出头来，母袋鼠就会把它的头按进去。小袋鼠越来越调皮，头被按进去，它又会把腿伸出来，有时还把小尾巴拖在袋口外边。

小袋鼠有时还会在育儿袋里拉屎撒尿，母袋鼠就得经常打扫育儿袋的卫生：它用前肢把袋口撑开，用舌头仔仔细细地把袋里袋外舔干净。

小袋鼠在育儿袋里长到7个月以后，开始跳出袋外活动。可一旦受到惊吓，它会很快钻回育儿袋里。这时的育儿袋也变得像橡皮袋似的，很有弹性，既能拉开，又能合拢，小袋鼠进进出出很方便。

最后，小袋鼠长到育儿袋再也容纳不下了，只好搬到袋外来住。可它还得靠吃妈妈的奶过日子，就把头钻到育儿袋里去吃奶。

经过三四年，袋鼠才能发育成熟，这时候，它的体力发展到了顶点，每小时能跳65千米；尾巴一扫，就可以置人于死地。

而母袋鼠呢，由于长着两个子宫，右边子宫里的小崽刚刚出生，左边子宫里又怀了另一个小崽的胚胎。小袋鼠长大，完全离开育儿袋以后，这个胚胎才开始发育，等到40天左右，再以相同的方式降生。这样左右子宫轮流怀孕，如果外界条件适宜的话，袋鼠妈妈就得一直忙着带孩子。

袋鼠喜欢吃什么

袋鼠以离地面近的小草为食，将长草与干草留给其他动物。个别种类的袋鼠也吃树叶或小树芽。

袋鼠家族中的"种族歧视"十分严重，它们对外族成员进入家族不能容忍，甚至本家族成员在长期外出后再回来也是不受欢迎的。家族即使接受新成员，也要教训一番，直到新成员学会许多规矩后，才能和家族融为一体。

澳洲红袋鼠

袋鼠属于有袋目动物。有袋目动物是哺乳动物中比较原始的一个种群，目前世界上总共约有150种，分布在澳洲和南北美洲的草原上和丛林中。在有袋目动物中，红袋鼠是最有名的。

红袋鼠是袋鼠中体形最大的一种，生活在澳大利亚干燥地带，这一地带年平均降水量在500毫米以下。由于袋鼠的食物含有大量的水分，所以它们在没有活水的地方也能生存。红袋鼠实际上只有雄

性体色呈红色或红棕色，而雌性体色则呈蓝灰色，但是在群体饲养杂交下，也出现了红色的雌性。

它们喜欢搞"小团体"，往往是结小群生活于草原地带，活蹦乱跳地在夜间觅食各种草类和野菜。

它们一般1.5～2岁成熟，寿命20～22年，被列入《濒危野生动植物国际公约附录》。红袋鼠全年均可繁殖，孕期为343天，经过艰苦的"十月怀胎"，一般产下一仔。

澳洲大赤袋鼠

生活于澳大利亚东南部开阔草原地带的大赤袋鼠是最大的有袋类动物，也是袋鼠类的代表种类，堪称现代有袋类动物之王。

大赤袋鼠的形体似老鼠，其实它们与老鼠并没有什么亲缘关系。

它们的体毛呈赤褐色，体长130～150厘米，尾长120～130厘米，体重70～90千克。头小，面部较长，鼻孔两侧有黑色须痕，眼大，耳长。它们相貌奇特，惹人喜爱，适应于跳跃的生活方式，前肢短小而瘦弱，可以用来搂取食物，后肢粗大，趾有合并现象，一步可跳约5米远，时速可达40～65千米。尾长大，为栖息时的支撑器官和跳跃时的平衡器。

大赤袋鼠多在早晨和黄昏活动，白天隐藏在草窝或浅洞中。它喜欢集成20～30只或50～60只群体活动，以草类等植物性食物为主。它们胆小而机警，视觉、听觉和嗅觉都很灵敏，稍有声响，那对长长的大耳朵就能听到，于是便早早溜之大吉了。

澳大利亚袋鼠岛

袋鼠岛位于阿德莱德的西南部，是澳大利亚的第三大岛屿，也是一个自然生物安乐窝，有让游人乐而忘返的奇趣动物袋鼠、考拉、海狮、海豹、企鹅等，还有多种奇花异草、幽静的海

滩、崎岖的海岸线和自然路径。由于与世隔绝，这里成了远离城市喧嚣的动物天堂，是澳大利亚最负盛名的野生动物观赏区和原始风貌游览区，也是体验原始生活和天然情趣最好的地方。

从阿德莱德去袋鼠岛，大约坐半个小时的飞机就可以到达，不过机票价格不菲。一般游客都会选择坐游轮，在海天一色中晃悠一个小时，一点儿也不会让人觉得枯燥。

因为袋鼠岛上没有营火痕迹和被驯化的野生动物，最早的探险者认为袋鼠岛无人居住。直到20世纪末，人们才在袋鼠岛上发现了石头工具和土著居民宿营地。科考人员用放射性碳元素确定岛上的营火木炭遗迹，才发现1万多年前，岛上就有土著居民了，而他们的神奇消失也让袋鼠岛蒙上一层神秘的面纱。

据说，袋鼠岛曾与澳大利亚大陆相连，大约9000多万年前与澳大利亚大陆分开。与世隔绝的自然环境，使得澳大利亚许多独特的动植物在这个相对封闭的体系中繁衍生息。袋鼠岛没有遭遇过欧洲移民的不断开发，岛上的动植物资源比澳大利亚其他地方丰富得多。就连曾经泛滥成灾、给澳大利亚大陆带来巨大损失的外来动物兔子，也从未光顾过该岛。可以说，这里就是一个全世界范围都罕见的仍未被污染的大自然奇迹。

即使在旅游事业打破袋鼠岛原有宁静的今天，岛上的居民仍旧没有改变他们固有的纯朴的生活习惯，尽力保持"绿色"的环境，没有太多的工厂、噪音和污水，没有大规模的污染。有远见的居民还把原有的羊毛、谷类、钓鱼等初级传统产业转变成替代型产业，努力寻找一个发展与传统的平衡点。

走近袋鼠的生活

在野外，袋鼠主要吃各种杂草和灌木；到了动物园里，喂它们的饲料有干草、胡萝卜、蔬菜、苹果、饼干和黑豆等，食物种类较多，营养非常丰富，在吃食方面也十分讲究。

在美国芝加哥动物园曾经发生过一件怪事：那儿有52只大袋鼠，突然在一年之内病死了49只！他们赶紧请专家来会诊，专家研究了袋鼠的饲料，发现草料中缺少钙和一些矿物质，而这正是袋鼠生活中所必需的。于是，他们给袋鼠增加了含矿物质丰富的苜蓿、燕麦和各种蔬菜。不出一个月，剩下的3只大袋鼠就恢复了健康。

袋鼠弹跳力特别强，受到敌害追逐的时候，它们一般可以一下子跳七八米远、两米来高。

在欧洲的一家动物园里，有一次，一只大袋鼠突然一跃而起，越过两米多高的墙头，跳到隔壁的河马池旁边，用前爪抓伤了河马的鼻子，吓得河马不知所措。

在野外，大袋鼠还有独特的反击敌害的办法。它们背靠大树，尾巴拄地，用有力的后腿狠狠地蹬踢跑过来的敌害腹部。然而在动物园里，大袋鼠还是比较温驯老实的，它们受到精心照料，习惯了动物园里的生活。

袋鼠也是人类的老师

有趣的是，袋鼠妈妈奇妙的育儿方法还引起了医学家的兴趣。

1984年，美国两位医生从袋鼠的育儿方法得到启示，发明了一种养育人类早产婴儿的新方法。早产婴儿的生活能力很差，刚出生时都是放在医院的暖箱里养育的。没有暖箱，早产婴儿很容易死亡。

于是，这两位医生便挂一个人工制造的育儿袋在婴儿母亲身上，把婴儿放在育儿袋里。这样，婴儿既能感受到温暖，又能及时吃到妈妈的奶，而且婴儿贴着妈妈的身体，听着妈妈的心跳，生活能力可以大大提高。

袋鼠是怎么被发现的

一般认为，袋鼠最早是由英国航海家詹姆斯·库克发现的。其实并非如此。在他之前140年，荷兰航海家弗朗斯·佩尔萨特于1629年就遇上了袋鼠。

那一年，佩尔萨特的轮船在澳大利亚海岸附近搁浅，他看见了袋鼠以及悬吊在它腹部育儿袋里乳头上的幼崽。但是这位船长竟错误地推测，幼崽是直接从乳头上长出来的。不过他的有关推测并没有引起大家的注意，很快就被人们完全忘记了。

而库克船长第一次看见袋鼠的时间是1770年7月22日，那天他派几名船员上岸去给病员打鸟，以改善生活。那是在澳洲大陆指向新几内亚的那个"手指尖"——约克半岛附近。

现在的库克豪斯就坐落在这里，这座城市就是以伟大的航海家库克的名字命名的。船员们打猎回来以后说看到一种动物，有猎狗那么大，样子倒蛮好看，有老鼠般的体色，行动很快，转眼之间就不见了。两天以后，库克本人证实了船员们所说的并没有错，他自己也亲眼看见了这种动物。

又过了两周，参加库克考察队的博物学家约瑟夫·本克斯带领4名船员，深入内地进行了为期3天的考察。后来，库克是这样记载的："走了几里之后，他们发现4只这样的野兽。本克斯的猎狗去追赶其中两只，可是它们很快跳进长得很高的草丛里，猎狗难以追赶，结果让它们跑掉了。据本克斯先生观察，这种动物不像一般兽类那样用四条腿跳，而是像跳鼠一样，用两条后

腿跳跃。"

有趣的是，由于他们看见这种前腿短后腿长的怪兽时感到非常惊异，就问当地的土著居民怎样称呼这种动物，当地人回答："康格鲁（Kangaroo）。"

于是，"康格鲁"便成了袋鼠的英文名字，并沿用至今。可是人们后来才弄明白，原来，"康格鲁"在当地土语中是"不知道"的意思。

袋鼠会得什么疾病

袋鼠在动物园养殖过程中，会得一种口腔病，而这种口腔病对袋鼠来说，是一种常见的疾病，具有发病率和复发率都较高的特点，给动物园养殖的袋鼠带来较大的危害。

2003年6月，四川成都野生动物园的袋鼠群中流行一种以颌部肿胀，牙齿松动、脱落，牙龈糜烂或溃疡为特征的口腔炎综合症，其发病袋鼠不分雌雄、品种和年龄，病程往往呈慢性，发病率达40%～60%，死亡率达60%～90%。

袋鼠的经济价值

袋鼠一直是澳大利亚人的骄傲。澳大利亚现有约6000万只野生袋鼠，袋鼠肉制品和其他衍生产品市场每年可带来1.72亿美元的

收益。

袋鼠皮具有独特的纤维结构，是制革的优良原料。袋鼠皮每张约0.46～0.56平方米，皮形呈三角形。

袋鼠皮的胶原纤维束与一般哺乳类动物皮(如牛皮)的胶原纤维束相比，编织形式不同，大部分胶原纤维束平行于皮面呈波浪式层状编织，不同层次间相互交错连接，层与层之间的交错角小于90°，各部位胶原纤维的编织形式基本相同，只是在紧密程度上稍有差别，一般臀部和颈部较厚，而腹部较薄。袋鼠皮的弹性纤维较小，但分布比较均匀。

澳大利亚之所以把袋鼠作为国徽上的动物之一，还有一个原因，就是它只会往前跳，绝不会后退，澳大利亚人希望他们也有像袋鼠一样永不退缩的精神。

考 拉

考拉又叫树袋熊、无尾熊、树懒熊和可拉熊，英文Koala bear来源于古代土著文字，意思是"No drink"。因为考拉从取食的桉树叶中获得所需90%的水分，所以它们只在生病和干旱的时候喝水。1798年，一位探险家在澳洲布鲁山脉首次发现考拉，19世纪初，考拉开始遭到捕杀，数量由百万只锐减至1000多只，澳洲政府开始立法保护。澳洲的考拉保护区既有公立的，也有私立的，私立的罗帕恩保

护区在1970～1976年曾饲养过白考拉。

考拉简介

　　考拉生活在澳大利亚，既是澳大利亚的国宝，又是澳大利亚奇特而珍贵的原始树栖动物，属哺乳类中的有袋目考拉科，分布于澳大利亚东南沿海的尤加利树林区（桉树林区）。考拉虽然有树袋熊等多个别称，但它并不是熊科动物，而且它们相差甚远。熊科属于食肉目，而考拉却属于有袋目。

　　考拉性情温驯，体态憨厚，永远看似无辜的表情深受人们喜爱。

考拉的外形

　　考拉体长70～80厘米，成年雄性体重8～15千克，成年雌性体重6～11千克。考拉的长相酷似小熊，有一身又厚又软、浓密的灰褐色短毛，胸部、腹部、四肢内侧和内耳皮毛呈灰白色，生有一对大耳朵，耳朵有茸毛，鼻子裸露且扁平。尾巴经过漫长的岁月已经退化成一个坐垫，臀部的皮毛厚而密，因而考拉能长时间舒适潇洒地坐在树权上睡觉。

　　考拉四肢粗壮，爪长而弯曲，并且非常尖利，每足五趾分为两

排，一排为二，一排为三，善于攀树，且多数时间待在高高的树上，就连睡觉也不下来。它们几乎不下地饮水，所以当地人称它们"克瓦勒"，意思就是"不喝水"。

考拉的习性

考拉的妊娠期为35天，通常情况下，一年每胎只产一仔，刚出生的幼崽长不足3.5厘米，体重仅5～5.5克，在母亲腹部的育儿袋里生活6个月后才能爬到母亲的背上生活，当幼崽长到1岁时便会离开母亲独立生活。考拉3～4岁性成熟，寿命为10～15年。

考拉一生大部分时间都生活在桉树上，但偶尔也会因为更换栖息树木或吞食帮助消化的砾石下到地面。它们的肝脏十分奇特，能分离桉树叶中的有毒物质。正是因为考拉的主要食物——桉树叶含有有毒物质，所以它们的睡眠时间很长，借睡眠消化有毒物质。

考拉通过发出的嗡嗡声和呼噜声交流，也会通过散发的气味发出信号。

白天，考拉通常将身子蜷作一团栖息在桉树上，晚上才外出活动，沿着树枝爬上爬下，寻找桉叶充饥。它们的胃口虽然很大，但是却很挑食。600多种桉树中，只吃其中12种。它们特别喜欢吃玫瑰桉树、甘露桉树和斑桉树上的叶子，一只成年考拉每天能吃约1千克桉树叶。桉树叶汁多味香，含有桉树脑和水茴香萜，因此它们的身上总是散发着一种馥郁的桉树叶香味。

考拉的家域树

考拉的家域树可以定义为：作为边界线标志用来标记不同考

拉个体间树木归属的关键树。在人类看来，这些标记并不明显，但作为考拉，却一眼就能看出哪棵树是属于自己的还是属于别的同类。甚至一只考拉死了一年之久，而别的考拉也不会搬进这块空的家域。因为这段时间，前一只考拉身体留下的香味标记和爪刮擦树皮的标记尚未自然风化消失。

当一只年轻的考拉性成熟时，它必须离开母亲的家域范围，寻找属于自己的领域。它的目标是发现并加入另一繁殖种群，发现别的考拉比发现适于居住的栖息环境更重要。考拉家域范围的大小取决于其未开垦的栖息环境质量，其中一项重要的标准就是考拉采食的关键树种的密度。

作为考拉，总是有一些暂时游荡于稳定群体之外的，这些个体经常是雄性，常常观望于繁殖群体边缘，等待加入其中并成为永久性成员。

所有的家域树和食物树对于考拉群体中每一个成员来讲都是非常重要的，其中任何一种树木的移动和消失都会破坏考拉种群，广阔的空旷地对考拉种群来讲也是一个潜在的破坏因素，因为它会将考拉置于被狗攻击、遭遇车祸、营养不良和疾病侵扰的不利境地。

考拉能活多久

在澳大利亚，考拉的繁殖季节为每年8月至翌年2月，其间，雄性考拉的活动会更旺盛，并更频繁地发出比平时更高的吼叫声。年轻的考拉离开母考拉开始独立生活时也会如此。如果考拉生活在偏远地带或靠近主要公路，那么这将预示着，这期间也是考拉护理人员最忙碌的时段，因为考拉穿过马路时，会因为遭遇车祸及受到狗的攻击等因素而增大受伤与患疾病的机会。

雌性考拉一般3~4岁时开始繁殖，然而，并不是所有的野生雌性考拉每年都会繁殖。22~30周龄时，母考拉会从盲肠中排出一种半流质的软质食物让小考拉采食。这种食物非常重要，不但非常柔软，易于小考拉采食，而且营养十分丰富，含有较多的水分和微生物，易于消化和吸收。这种食物将伴随着小考拉度过从母乳到采食桉树叶这段重要的过渡期，直到小考拉可以完全采食桉树叶为止，就像人类婴孩在吃固体食物之前，会吃一段时间的粥状半流质食物一样。

小考拉从育儿袋口探出身体采食半流质软食时，会将袋口拉伸以至朝向后方。所以，"母考拉的育儿袋口是向下开口或向后开口"的说法，严格来讲并不准确。

　　小考拉采食半流质食物期间，会逐渐爬出育儿袋口，直至完全躺在母考拉的腹部进行采食，最后终于开始采食新鲜的桉树叶并爬到母考拉的背部生活。当然，小考拉也会继续从育儿袋中吸食母乳，直至1岁左右。但是小考拉的身体越来越大，再也不能将头部伸进育儿袋中，于是，母考拉的奶头会伸长，并突出于开放的袋口。小考拉会继续与母考拉一起生活，直至下一胎小考拉出生为止。这时，小考拉就不得不离开母亲，寻找属于自己的领域。如果母考拉不是每年都繁殖的话，那么小考拉会与母亲一起生活更长时间，所以成活的机会也就很大。

　　通常，雌性考拉的寿命会比雄性考拉更长，因为雄性考拉常常会在争夺配偶的打斗中受伤，也因为需要维护更大的领域，不得不移动更大的距离而冒着更大的车祸与被狗等动物咬死咬伤的风险，占用面积更大且土壤贫瘠的桉树林时也是如此。考拉的平均年龄数据较易令人产生误解，因为有些考拉的寿命长不过几星期或几个月，而有些考拉则能终老一生。生活在安静环境中的考拉寿命会比生活在城市郊区的更长。一些科学家对成年雄性考拉的平均寿命估计为10年，但是一些分散于高速公路或住宅区边缘的考拉平均寿命却只有2～3年。

　　一旦开始采食桉树叶，小考拉则生长得更快、更强壮，但同时也变得更加危险。首先，小考拉会为取暖和躲藏而拥抱在母考拉腹部，但有时也会骑在母考拉背部，最后，终于离开母考拉作短距离的行走，这些行为都会让小考拉冒着跌落并受伤的危险。

　　大约1岁以后，小考拉离开母亲开创属于自己的家园，这使得它的生活变得更加艰难，因为它要寻找自己的领地。在那里，必须有能够提供给小考拉可口食物的桉树林，并且靠近其他的考拉，最好是一些可以使它远离诸如树林毁灭、车祸和受狗攻击的安全之地。

澳大利亚考拉基金会估计，每年至少有4000只考拉死于车祸和狗的袭击，而栖息地的破坏则是对考拉生存最大的威胁。

在澳大利亚一些野生动物保护区里，人们常常看到小考拉趴在妈妈背上的可爱形象。有趣的是，考拉胆小，一旦受到惊吓就会连哭带叫，哭声好像刚出生不久的婴儿。考拉行动迟缓，从不对其他动物构成威胁。它的长相滑稽、娇憨，是一种惹人喜爱的观赏型动物。

考拉的天敌

考拉在生活中有几种天敌，其中之一是澳大利亚犬，当考拉为了从一棵树换到另一棵树，需要在地上行走时，不论是否成年，都有可能受到澳大利亚犬的伤害，而小考拉有时还会受到老鹰及猫头鹰的攻击，其他如野生的猫、狗以及狐狸，也都是考拉的天敌。但

现在考拉受到人类道路、交通的影响，使得栖息地逐渐减少，这也可以说是另一种形式的敌害。

考拉也会生病

　　考拉容易感染数种不同的疾病，常见的两种是结膜炎和湿屁股，还会得一种肾脏和泌尿系统的疾病，其他还有呼吸系统的感染、一种头骨的疾病以及寄生虫等。而衣原体细菌常被认为是导致考拉生病的主要原因，专家们正在持续地研究衣原体细菌和考拉族群的关系。而可以发现的是，考拉在人群拥挤或是食物供给量不足的地方生活时，会比较容易感染疾病。而如何使考拉受到更好地照顾，或是减少受到疾病感染及受伤的相关研究，一直都在进行中，因为考拉是人类的好朋友。

考拉喜欢的栖息环境

　　考拉栖息于澳大利亚东部沿海的岛屿、高大的桉树林以及内陆的森林等各种环境。然而，数百万年前，考拉的祖先却生活在热带雨林中，长期的进化使得考拉逐渐退出了原有的栖息环境。野生的考拉只会在适合其居住的地方出现，其中有两个重要的因素必不可少：一是居住地必须有考拉首选采食、并有适宜的土壤和降雨来保证生长的树种（包括非桉树树种）存在，二是早已有其他考拉在此定居。

　　研究表明，即使已知曾被考拉选择用作食物的树种存在，也不能保证考拉种群数量的稳定，除非有考拉首选或特别喜欢的12种桉

树分布于该地区。

　　所以，这就是仅仅种植考拉一般能采食的树种并不是一个好主意的原因，为恢复考拉的栖息环境而遗漏种植关键树种，往往只会徒劳地浪费时间和精力。

挑食的考拉

　　考拉是一种对食物非常挑剔的动物，它主要以采食澳大利亚的桉树叶为生，而桉树叶含纤维特别多，营养却非常低，对其他动物来说，还具有很大的毒性。为了适应这一低营养的食物，长期以来，考拉进化出了一套非常完善的系统与机制。考拉的新陈代谢非常缓慢，从而保证食物可以长时间地停留在消化系统中，并最大程度地

消化吸收食物中的营养物质。而这种非常低下缓慢的新陈代谢活动，同时也让考拉可以最大程度地节省能量，保存体力。所以我们就经常看到，考拉每天会睡18～22小时。

考拉的消化系统也尤其适应这些含有有毒化学物质的桉树叶。一般认为，这些毒素是桉树为了防止食叶动物采食树叶而产生的，而且桉树生长的土地越贫瘠，产生的毒素就越多，这也可能是考拉只吃十来种桉树叶，有时甚至竭力避免生活在某些桉树林的原因之一。

考拉有一个消化纤维的特别器官——盲肠。其他动物，例如人类也有盲肠，但与考拉长达2米的盲肠相比，简直不可相提并论。盲肠中数以百万计的微生物，将食物中的纤维分解成考拉可以吸收的营养物质。尽管如此，考拉所吃进的食物中，也只有25%被消化吸收。由于通过吸收食物中的水分就能够满足考拉的需要，所以它很少饮水。但是在干旱季节，桉树叶中的水分含量会大大降低，考拉无法获取足够的水分时也会饮水。

考拉的牙齿非常适合于处理桉树叶这类特殊的食物，尖利的长门齿负责从树上夹住桉树叶，而臼齿则负责剪切并磨碎。门齿与臼齿间的缝隙地带，可以让考拉的舌头高效地在嘴里搅拌食物团。考拉对食物非常挑剔，甚至有些偏执。在澳大利亚，桉树的种类达600多种，但考拉却只对其中的极少数树种感兴趣。在有些地区，考拉甚至只吃一种桉树叶，多时也不过3种。当然，也有一些其他种类的树叶，包括非桉树类植物，偶尔也被考拉极少量地采食，或被用来当作坐垫和睡垫。

不同种类的桉树分布在澳大利亚的不同地区，因此，分别生活在维多利亚与昆士兰的考拉，可能会吃完全不同种的桉树叶。可以想象一下，每天都吃同样的食物是一件多么枯燥而令人厌烦的事情，所以考拉有时也会尝试采食其他植物，例如金合欢树叶、茶树叶或者白千层属植物。考拉如果吃惯了某地的桉树叶，就对别的桉树叶不感兴趣了，所以说它对食物很挑剔。

走近考拉的生活

考拉非常适于树栖生活，尽管与诸如树袋鼠之类的树栖有袋类动物相比，考拉并没有明显的尾巴，但这一点儿也不影响它出色的平衡感。考拉肌肉发达，四肢修长而且强壮，适于在树枝间攀爬并支持它的体重。前肢与腿几乎等长，攀爬力主要来自发达的大腿肌肉。考拉的爪尤其适应于抓握物体和攀爬，粗糙的掌垫和趾垫可以帮助考拉紧抱树枝，四肢均有尖锐的长爪。前掌有5个手指，其中2指与其他3指相对，就像人类的拇指，因而可与其他指对握，这使考拉可以更安全自信地握紧物体。脚掌上，除大脚趾没有长爪外，其他趾均有尖锐长爪，且第二趾与第三趾相连。

当接近树木准备攀登时，考拉从地上一跃而起，用它的前爪紧紧地抓住树皮，然后再向上跳跃攀登。所以，当一棵树成为考拉的家域树而被经常攀爬的时候，它的爪在树皮上留下的刮痕就非常明显。另一个证明某棵树被考拉所使用的标记就是，在树根部会有考拉小球状的排泄物。

无论是白天还是夜晚，当处于安全的家域树上的时候，考拉会自然地呈现出各种不同的坐姿和睡姿，同时也会因为躲避太阳或享受微风而不停地在树上移动位置。天气炎热时，考拉会伸展四肢并微微摇摆，以保持凉爽；天气变冷时，则会将身体缩成一团以保持体温。

考拉下树的姿势是屁股向下往下退。考拉经常下到地面并爬到另一棵树上去，这时，它们常遭到家狗、狐狸、澳洲野狗的攻击，或是被过往的车辆撞死撞伤。考拉能游泳，但只是偶尔为之。

考拉身上长有厚厚的皮毛，这对它们保持身体温度的恒定很有利，而且下雨时还可以当雨衣用，以免身体遭受潮气和雨水的侵袭。

考拉尾部的皮毛特别厚，这是因为考拉经常将它作为坐垫来使用的缘故，而且常常被污染，以致考拉下到地面屁股朝向你时，你一时难以发现它的存在。分布在南部的考拉，因为需要适应较寒冷的气候而拥有较大的体重和较厚的皮毛。

考拉大体归属为夜行性动物，在夜间及晨昏时活动频繁，因为这比在白天气温较高时活动更能节省水分与能量消耗。睡觉和休息外，仅剩余4小时左右用来采食、活动、清洁个人卫生及与其他考拉进行交流。过去，因为考拉几乎整天都在睡觉，所以人们以为考拉是采食了桉树叶而中毒的缘故。考拉这种几乎整天都昏昏欲睡的状态，实际上是它们在长期进化过程中形成的适应低营养食物，同时节省能量消耗的有效的低新陈代谢适应机制。

考拉最明显的特征是鼻子特别发达，所以它拥有高度发达的嗅觉能力，能轻易地分辨出不同种类的桉树叶，并发觉哪些可以采食，哪些不能采食，当然，也能嗅出别的考拉所遗留标记的警告性气味。

考拉会发出多种声音与其他考拉进行联系和沟通，雄性考拉主要通过吼叫来表明它的统治与支配地位，从而尽量避免打斗消耗能量，并向其他动物表明它的位置。

雌性考拉不像雄性考拉那样经常吼叫，但也不一定，例如交配时，雌性会发出急促的尖叫声，给人以正在相互打斗的印象。母考拉与小考拉之间也会发出轻柔的滴答声、啸叫声、温和的嗡嗡声和咕哝声，温和的呼噜声则表示对对方的不满。但是当考拉感到害怕时，则会发出一种类似婴儿哭叫的声音，同时伴随着颤抖和摇晃。考拉也会用它们的腺体产生的气味在树上进行标记。

另外值得一提的是，考拉反应特别慢，这个憨态可掬的小动物反射弧好像特别长。曾经有人尝试用手捏考拉一下，结果考拉经过很久的时间才惊叫出声，令人汗颜。

考拉的物种历史

4500万年以前，在澳洲大陆脱离南极板块，逐渐向北漂移的时候，考拉或类似考拉的动物就已经首先开始进化了。目前的化石证明，2500万年前，类似考拉的动物就已经存在于澳洲大陆上。在大陆漂移的过程中，气候开始剧烈变化，澳洲大陆变得越来越干燥，桉树、橡胶树等植物也开始改变并进化，而考拉则开始变得依赖于这些植物，而在20世纪40年代，考拉曾被认为已经灭绝。

一般认为，土著居民于6万年前甚至更早就已经来到了澳洲大陆。如同其他澳洲动物一样，考拉也成为土著文化与文明中许多神话与传说的重要组成部分。

千百年来，考拉虽然一直是土著居民一项重要的食物来源，可是这并不妨碍它们繁荣昌盛。1788年，欧洲人第一次登上澳洲大陆以后，John Price成为第一个记录考拉这种动物的人。他在进入悉尼附近时详细地描述了考拉。1816年，考拉第一次有了学名"灰袋熊"。后来，人们发现，考拉根本就不是熊，于是，一个哺乳动物研究小组的成员将考拉叫作"有袋类动物"，即刚出生的幼兽发育并不完全且需要在育儿袋中继续发育的动物。现在，诸如考拉之类的大多数有袋类动物均分布于澳大利亚和巴布亚新几内亚。

在澳洲的土著语言中，考拉意思为"不喝水"。澳洲的方言多种多样，在不同版本的殖民资料中，考拉曾被记录为多个不同的名称。

当新的殖民者进入澳洲大陆的时候，毁林垦田开始了，澳洲本土的动物开始失去它们的栖息地。1919年，澳大利亚政府宣布了一个为期6个月的狩猎解禁期，其间，有100万只考拉被猎杀。1924年，考拉在澳洲南部灭绝，新南威尔士的考拉也接近灭绝，而维多利亚的考拉估计不到500只。于是，考拉毛皮的交易焦点开始向北转向了昆士兰。尽管1927年允许猎杀考拉的特别季节被正式取消，但是当禁令重新被取消时，在短短一个多月，就有超过80万只考拉被猎杀。

　　1930年，公开猎杀考拉的暴行迫使政府宣布，考拉在所有的州均为被保护动物，然而，却没有法律来保护考拉赖以生存和隐蔽的那些桉树林。

参观考拉时的注意事项

　　1.游客应尽量保持安静，如果声音比较大，会让考拉惊慌失措。

　　2.考拉是"近视眼"，但对近处的干扰相当敏感，容易被激怒，所以游客不要拍打玻璃和使用闪光灯。

　　3.考拉睡觉时，请勿打扰。

濒临灭绝的考拉

澳大利亚考拉基金会说，由于人类持续侵占考拉的栖息地，致使它们的数量骤减，再加上全球气候变暖等各种原因，考拉可能在数十年之内灭绝。2006年，澳大利亚濒危物种科学委员会曾拒绝把考拉作为濒危物种保护，因为当时估算的考拉超过10万只。但是最新报道说，考拉仅剩大约4.3万只了，因此该委员会在2010年把提升考拉的珍稀地位正式列入议题。

根据研究人员的最新消息称，除非采取紧急行动，阻止人类继续侵占考拉的栖息地，否则考拉将在30年内灭绝。相关研究人员说，随着气候变化和森林大火等因素，野生考拉的数量正在急剧下降。

澳大利亚考拉基金会称，最近一项调查结果显示，由于受到衣

原体细菌感染，野生考拉的数量在过去6年里下降了一半多。10年前，在昆士兰北部一个地区，考拉遭受到严重威胁，原本估计此地约有2万只考拉，但考察小组一行8人连一只也没有找到！

澳大利亚考拉基金会说，干燥的天气、砍伐森林、全球变暖等因素，使得考拉的主食——桉树叶的营养直线下降，导致考拉营养不良。考拉大多局限分布于澳大利亚东部和南部的森林里，它们是出了名的只吃自己喜欢类型的叶子。基金会首席发言人底波拉说："我们到考拉消失的森林查看，那里已经没有考拉喜欢的树木了，如果继续砍伐树木，澳大利亚将没有任何考拉。"她希望新的数据可以说服政府和濒危物种科学委员会，以提升考拉的珍稀地位。该委员

会主席鲍勃则遗憾地表示，这不是他们可以决定的，直到2010年，他们的提议还没有得到通过。考拉的珍稀地位与它们是不是这个国家最受欢迎的动物，并没有什么直接关系。"我们认为，世界上有许多物种都充满无限的风情和魅力（而考拉绝不是

唯一的那一个），"法新
社的布什先生说，"我
们会给予考拉和澳洲一
种剧毒眼镜蛇同等的关
注。"意思是：如果考拉
真的受到灭绝的威胁，
我们会根据具体情况，
考虑把它加入濒危物种
的行列，或将和其他想
要加入濒危物种行列的动物一视同仁。

"考拉之都"布里斯班

　　布里斯班是澳大利亚昆士兰州的首府，也是澳洲的第三大城市，由于这里有不少考拉的保护区，因而人们又称它为"考拉之都"。布里斯班有着迷人的自然风光，多种多样的动植物生活在这里，特别是一些澳洲特产的动物，与人类的关系十分亲近。此外，布里斯班的人文景观也很丰富，游人来到布里斯班，还可以感受到浓厚的文化艺术气氛，这里经常上演大型歌舞剧及音乐会，还有著名的世界级图书馆及美术馆。野生动物园是由龙柏考拉保护区和澳大利亚羊毛乐园组成的。

　　龙柏考拉保护区位于布里斯班西南11千米的地方，里面有超过80种澳大利亚本土动物及鸟类，其中最讨人喜欢的就是可爱的考拉，它们总是伸着胖胖的前臂抱住树干，吃着桉树叶，好奇地注视着游人。这里的鸟类也不怕人，那些五彩的雀鸟会飞到你的手心里吃食。羊毛乐园位于布里斯班西北14千米处，游客在此可以参观当地人剪羊毛的表演以及纺羊毛的工艺，也可以亲自尝试挤牛奶、喂袋鼠，还能抱着胖乎乎的考拉和它一起玩。

考拉不容乐观的未来

"我们认为考拉和其他物种一样，比如说种群数量下降的灰狼，在博物馆中的样本相比现在的样本存在更大的差异性，这是因为博物馆的样本来自一个更早的年代。"某动物学专家在一份声明中说道，"我们发现这对考拉来说并不正确，这就表明考拉遗传多样性减少一定发生在很久以前。"18世纪末期到达澳大利亚的欧洲人已经注意到考拉是很稀少的，这或许是由于当地土著居民的捕杀。到19

世纪中期捕猎的减少，使考拉的数量有所回升，但是随后考拉再次遭受厄运。考拉的皮毛成为一种时尚的物品，而且猎杀再次把这个物种推向灭绝的边缘。

　　生存环境的丧失和疾病尤其是衣原体细菌也在威胁着现在的考拉。澳大利亚政府把考拉列为"易受伤害"的物种，而且美国政府把它们划分为"受威胁"的物种。较低的遗传多样性意味着考拉可能需要为改变的气候条件或者是新的疾病而努力适应。格林伍德和他的同事将现代考拉的DNA与博物馆的14个样本进行了比对。他们主要研究的是线粒体DNA，而且线粒体DNA遗传自母系。格林伍德说，那就意味着考拉遗传多样性的丢失并不是最近才发生的，有可能这种遗传多样性的丢失可以追溯到更新世的后期，那个时候的巨型考拉走向了灭绝。巨型考拉的个头大约是现在考拉的3倍，不过在大约5万年前灭绝了。

袋 鼬

　　袋鼬，亦称袋鼩，食肉性有袋目袋鼬科的一些鼠形动物，分布于澳大利亚和新几内亚，体长5～22厘米，尾似帚，与身体等长。皮毛一般为纯灰色、浅黄色或褐色，少数种有斑点，形似鼠，但更像鼩鼱，多为夜行性，以昆虫和小型脊椎动物为食。

袋鼬简介

　　宽足袋鼬属有时会吃花蜜。宽足袋鼬把多余的脂肪储存在尾部。

除宽足袋鼬属外，本科各属在食物缺乏时，都要蛰伏。

　　脊尾袋鼬产于干旱地区，能捕杀家鼠，对人类有益，而且它们从猎物体内能得到所需的全部水分。

跳袋　属有两个种，分布在澳大利亚内地，尾长耳大，后腿极长，如踩高跷，颇似跳鼠。帚尾袋鼬属也有两个种，毛淡蓝色或浅红色；尾长，远端一半被毛粗而厚，当毛竖立时，形似瓶刷，树栖，但袭击家禽。平颅袋鼬属的外貌和行为均似鼬属。澳大利亚的东跳袋鼬已被列为濒危种，其他几个袋鼬种被视为稀有种。

死亡交配

　　如果你对袋鼬的交配方式了解足够多的话，一定不会很快忘记这种怪异的动物。每年冬季，雌性袋鼬开始进入发情期，同类之间开始频繁地交配。雄性则试着交配尽可能多的雌性，平均每次交配大约可持续3小时，但有时竟持续一整天。这是因为雄性并不能一次释放太多的精液，因此它们必须多次交配，从而确保它们的基因能够传递下去。

　　事实上，雄性袋鼬非常残忍无情，在强迫与雌性进行交配的整个过程中会一直抓咬雌

性，并发出尖叫，许多雌性在这一过程中最终死亡，但残忍的雄性交配方仍不罢休，并会吞食雌性的肉。

　　自然界存在着一定的平衡性，作为雌性袋鼬所遭受痛苦的补偿，多数雄性在交配过程中会损耗大量的能量，从而导致体重减轻、褪皮，甚至在狂乱交配之后几周就死亡。

袋　熊

　　袋熊属于有袋目袋熊科，体形粗壮似熊，眼小，脸似鼠，体重可达35千克，头骨略扁平，鼻面部相对较短。所有牙齿无齿根，终生生长，尾退化，育儿袋向后开口，内有一对乳头。四肢短而有力，前足5趾，长爪，后足第三和第四趾合并。

　　袋熊主要吃草，但也吃地下根茎或树皮，它的体形比考拉还短粗，显得很可笑。在东南部的塔斯马尼亚岛有普通袋熊，而在南澳大利亚和昆士兰州内陆都生长着毛鼻袋熊。

袋熊的基本信息

中文名称：袋熊。

拉丁名：Vombatus ursinus。

英文名：Common Wombat。

纲：哺乳纲。

科：袋熊科。

体形：体格粗壮，矮胖敦实，体长70～120厘米，体重15～35千克。

体态：灰褐色的皮毛，小而尖的耳朵，短而粗壮的腿和锋利的爪子。

食物：地下茎、草和树皮。

栖息地：穴居在地洞里。

分布：澳大利亚东部、南部及塔斯马尼亚岛。

袋熊的种族起源

根据化石资料，有袋类动物起源于北美白垩纪原兽亚纲动物中的一支，到晚白垩纪成为北美区系的重要组成成分。它们都是属于负鼠科的小型兽类，其中一支(小袋兽)传到欧洲，在那里一直繁衍到中新世。

南美的有袋类动物在整个第三纪都很繁盛，直到上新世巴拿马陆桥连接南北美洲，有胎盘类动物由北美入侵后，才急速灭绝。现在的有袋类动物是由晚白垩纪从南美通过南极来到大洋洲的负鼠祖先的后裔。到中新世时已有许多现代科的代表，但大辐射则发生于

晚第三纪和更新世。

需要注意的是，袋熊和考拉不是一种动物。

袋熊的生活习性

袋熊生活于草原或丘陵地带，穴居生活，很善于挖洞，它们栖居的洞穴比较大，一般纵深可达10米，宽60厘米，洞穴向外开着，或位于岩石堆下，洞的末端是卧室，用草和树皮做铺垫物。

袋熊喜独来独往，有时2~3只在一起生活，为夜行性动物，白天藏在洞中熟睡。

袋熊的新陈代谢非常慢，差不多要14天才能完成消化，这有助于它们生活在干燥的环境里。它们一般行动很慢，但当遇上危险时，逃走速度可以达40千米/小时，并维持90秒。

袋熊会保护以其巢穴为中心的疆界，对入侵者有攻击性。塔斯马尼亚袋熊的疆界达23公顷，而毛鼻袋熊属的则不多于4公顷。

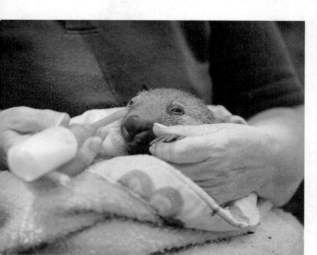

当受到攻击时，袋熊会发挥出巨大的抵抗力。例如，当受到地下掠食者的攻击时，它会破坏地底隧道，令掠食者窒息。它主要的防御是靠身体后部由软骨组成的结构，退化的尾巴可以避免在逃走进入隧道时被掠食者攻击尾部。

袋熊的繁衍

　　袋熊多于夏季繁殖，孕期1个月，每胎1仔。初生幼崽长约2厘米，重约2克，出生后在育儿袋中继续发育，8～9个月才出袋活动，2～3岁性成熟。寿命一般为15年左右，也有活到20多年的记录。

　　袋熊适应跳跃生活，为草食性。由于具有类似反刍的消化方式，能占据对其他大型哺乳动物不利的区域。袋熊在繁殖上也有特别的适应：雌兽在袋囊中有了幼崽以后，仍可交配受孕，但受精卵发育到100个细胞阶段就停止；如果袋囊中的幼崽死亡，胚胎则继续发育，几周后第二个幼崽即可降生。

昆士兰毛鼻袋熊

昆士兰毛鼻袋熊雄性体长约1米，身高约0.35米，体重约35千克，雄性的体长和体重都略超过雌性，尾长0.6米。体毛颜色通常呈褐色，夹杂着灰色、淡黄色和黑色的斑点，非常柔软光滑。鼻子上覆盖着一层褐色的毛，耳朵较长，其边缘有一圈白色的毛。昆士兰毛鼻袋熊非常强壮，腿脚有力，爪子锋利，这些都便于它们挖食植物的根茎。

昆士兰毛鼻袋熊的牙齿一生都在生长，这个特征类似于啮齿动物。和许多有袋类动物一样，昆士兰毛鼻袋熊也喜欢在夜间活动，但通常在晨昏活动得比较频繁一些。比较有趣的是，它们活动时以独来独往居多，但却不在乎与同类共享洞穴。昆士兰毛鼻袋熊的采食非常特别，它们总是习惯于在洞穴的出入口附近吃"窝边草"，不会离开洞穴很远。也许正因为如此，它们的洞穴规模出乎意料的庞大，纵深竟能达到30米左右，出入口也有好几个。

昆士兰毛鼻袋熊的幼崽通常在比较湿润的季

节，也就是每年11月至翌年4月出生。幼崽要在育儿袋中待上将近一年，一年以后，小昆士兰毛鼻袋熊才能真正独立生活。由于栖息地遭到破坏以及和家畜争夺食物，昆士兰毛鼻袋熊遭到捕杀，其生存环境每况愈下。在新南威尔士州的里否赖纳地区，曾经生活着数量众多的昆士兰毛鼻袋熊，但已经很长时间不见踪影了。在昆士兰州东南部，昆士兰毛鼻袋熊在1900年就已经灭绝了。

袋熊的保护措施

★ 濒危原因

（1）栖息地被破坏。袋熊的栖息地为森林区，大量的砍伐活动让其栖息地自然遭受破坏，使其数量逐渐减少。

（2）栖息地有小规模火山爆发，影响其生育及繁殖后代。

（3）与家畜和野牛的竞争。

★ 保育方法

（1）澳大利亚政府已在其主要的栖息地设立国家公园。

（2）注意其食物的来源，栖息地树木及草本植物的维护及管理，应特别注意使其食物不缺乏，族群方可获得适量的增加。

袋 貂

袋貂总科即双门齿类，包括澳洲有袋类近半数的种类，其中一些澳大利亚史前和现代的种类最具特色，大家最熟悉的物种均属此类。它们最显著的特征是只有一对门齿，后肢的第二、第三趾愈合，看似一个脚趾长了两个爪子。袋貂总科包括一些外表和习性相差比较远的动物，现存的成员可以分成袋貂、袋熊和袋鼠三大类。

袋貂简介

　　袋貂科包括袋貂、鳞尾袋貂和帚尾袋貂属，均为以植物为主食的较大型树栖动物。除帚尾袋貂有蓬松多毛的尾部以外，其余均为可缠绕性的尾部，适应树栖生活。鳞尾袋貂和帚尾袋貂分布于澳大利亚，而袋貂主要分布于新几内亚和印度尼西亚东部岛屿，最远可以到达苏拉威西岛，在那里，袋貂和猴子成为竞争者。帚尾袋貂是澳大利亚最常见的哺乳动物之一，主要分布于澳大利亚沿海地区，适应性比较强，现在被引进新西兰，因没有天敌而大量繁殖，成为当地生态环境的破坏者。帚尾袋貂原本在澳大利亚内陆也有广泛分布，但是现在已趋于灭绝。

　　Morris为每一类单设一个科，现在一般将袋鼠设成袋鼠和鼠袋鼠

2个科，而袋貂则设成7个不同的科。

袋貂的生活习性

　　袋貂总科多数为植食性，一些小型的袋貂为食虫性或者杂食性，也有些食蜜或者食植物的汁液。现代的有袋类中只有袋貂总科拥有较大型的有袋类，在袋狼灭绝之后，现存所有体重超过10千克的有袋类均属此类，也只有袋貂总科拥有真正的植食性成员。

　　在史前时期，袋貂总科中还有以袋狮为代表的大型肉食动物，袋狮是澳大利亚历史上最大型的肉食哺乳动物，但是和其他肉食有袋类关系较远，而属于以植食性为主的袋貂总科，其结构也与其肉食动物有一定差别。袋狮的主要猎物可能是当时同属于袋貂总科的大型植食性动物。

　　史前的大型植食性动物中体形最大的是双门齿兽，双门齿兽和袋熊关系较密切，

体形大如河马，是地球上生存过的最大型的有袋类动物。这些大型的有袋类动物在更新世结束时全部灭绝，它们灭绝的原因尚不清楚，可能和人类的到来相关。

帚尾袋貂

★ **帚尾袋貂的分布**

帚尾袋貂分布于澳大利亚和塔斯马尼亚岛等地。从第一个欧洲白人进入澳大利亚，整个大陆逐渐被开发以后，帚尾袋貂是最快适应并能和人类和谐相处的一种有袋类动物。帚尾袋貂体长32~58厘米，体重2~5千克，体色棕黑，有浓密的灰色绒毛，吻尖耳大，面目如狐，尾长而卷，尾后半部有扫帚状的毛，因此得名。帚尾袋貂是澳大利亚最普通的有袋动物，以夜行为主，觅食各种植物的果实和叶子，捕捉昆虫及小动物，白天隐身于树洞、灌丛或兔穴之中。

★ **帚尾袋貂的特征**

帚尾袋貂吻部略尖，耳圆，体毛主要为黑灰色。前脚有分趾，带大钩爪，在跳跃和抓住树枝时可以灵活地分开5个脚指头，从不同的角度稳住自己。

虽然尾毛厚密如刷子，但长长的尾巴具有缠绕性，常用它钩住树枝，以腾出前肢来抓食物。

几乎城市的每一个公园和私人花园中都会有它们的身影，更不用说在乡间的树林里了。它们常常引来路人围观，并喂食薯条和面包给它们。

尤其是在夏日的黄昏后，成群的帚尾袋貂爬下树来，站在路边

引颈张望，等候观望它们的游客前来，成为很多市区的一景。

在城市里，为防止帚尾袋貂啃咬树木，打洞藏身，人们用铁皮把树身包围起来，不让它们爬上去。悉尼城中的海德公园，四周新建的办公大楼林立，在一片钢筋水泥中的一块小小绿地上，有人统计其中居然有上百只帚尾袋貂。

在郊区的帚尾袋貂则不那么惹人喜爱，它们经常钻入居民的通风洞、冷热气管或者爬上屋顶找食物，半夜发出轰轰的响声。

帚尾袋貂平日穴居在空心树洞中，在居民区则住在车库、工具棚、屋梁顶上。如树上没有空树洞，它们则会钻入野兔洞中。它们的胸腺中发出气味，用来识别各自已经占领的区域。

雄性为领地打架发出"喂克一啊""喂克一啊"的叫声，因此当人们上床睡觉时，常能听到它们这样的叫声。

当然，它们在屋顶的隔热墙中乱窜时，如雷震耳，使周围的居民整晚不得安宁，所以也有人称它们为城中鼠害。和老鼠偷吃食物不同，帚尾袋貂主要是破坏和捣乱。

★ 帚尾袋貂的危害

新西兰对帚尾袋貂最早的引种时间是1800年，也许是种群个体少，没有成功。1858年，再次引种，获得成功，1890～1900年，人们又做出努力，从澳大利亚和塔斯马尼亚引进约300只，多数放生于南岛，少数放生于北岛南端惠灵顿稍北的一个地方。

当时，人们之所以一而再、再而三地往新西兰引进异地物种，完全是为了经济利益，这种易活、易捕、对人无威胁的小野兽，被作为狩猎动物、毛皮动物而受到人们的喜爱和法律的保护。的确，我们在新西兰的一些商店也见到用袋貂毛织的袜子。甚至听说，在南岛西部，还有人吃这种动物。

但无论是人吃，还是汽车轧，或猎枪打，都无法遏制帚尾袋貂的增长势头。

在人少资源多的新西兰，对帚尾袋貂的利用程度，远没有它们自身繁衍得快，这种繁殖力强盛的动物，在新西兰这块没有天敌控制的土地上日益发展壮大，呈爆炸式增长，不到一个世纪，已遍及全国，总数达7000万只，而当时全国的羊才4000万只。

每只帚尾袋貂一天要吃约300克植物的果叶，那么全新西兰每天约有2.1万吨植物会被帚尾袋貂吃掉，不仅对植物，对牲口、对鹿产业是极大的威胁，而且它们还会吃掉和侵犯很多本地物种的生存空间，带来结核病等。

请神容易送神难，人们当初"见其利而不见其弊"的引种帚尾袋貂的行为，如今造成这样的恶果，帚毛袋貂也被专家称为"带毛的定时炸弹"。

袋貂养殖技术

提供一个50cm×50cm×50cm或更大空间的网笼，笼内放置天然的木头和树枝供它们咀嚼或攀爬。橡木、水果树，如樱桃树、苹果树、梨树等，杨柳和白杨木也可接受。不要使用被杀虫剂喷洒的任何树木。

住所内需提供一个黑暗的巢箱供躲藏和睡觉。巢箱应该是封闭式并留一个出入孔，暴露在耀眼的太阳光下可能损坏它敏感的眼睛。可以用简单的白色无味卫生纸或毛巾纸、干草或白杨木芯片作为卧垫。

避免使用雪松、杉木削片，这些卧垫材料可能导致袋貂眼睛、鼻子、喉咙、肺和皮肤过敏。

★ 食物

1.一只个体的食谱

1茶匙大小的水果片：苹果、胡萝卜、白薯、香蕉等均可

1茶匙莴苣叶子

1/2烤硬的蛋黄

1大汤匙猫饲料（可使用混合的小猫饲料或干燥的罐装猫饲料）

1打昆虫

2.两只个体的食谱

苹果：3克

香蕉或小麦：3克

狗粮：1.5克（可使用混合的小狗饲料或干燥的罐装狗饲料）

飞蝇蛹：3茶匙

葡萄或奇异果：3克

3.混合食谱

柳橙与皮：4克

洋梨：2克

甜瓜或巴婆果：2克

甘薯：3克

每周三：可以喂食鸡肉或昆虫

4.澳大利亚动物园混合食谱

温水：450毫升

蜂蜜：450毫升

去壳熟鸡蛋：3个

高蛋白婴儿谷物：75克（婴儿麦片）

维他命、矿物质补充：3茶匙

先混合温水和蜂蜜，在另一个容器放入鸡蛋后，逐渐加蜂蜜温水混合直到均匀，再放入维他命与谷物搅拌直到光滑。

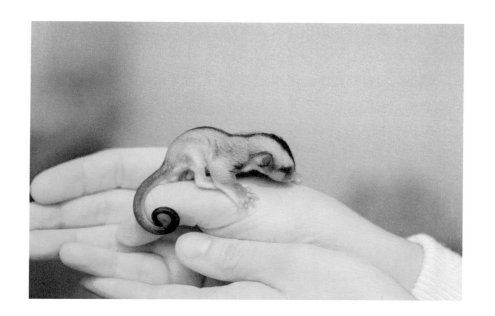

袋貂的相关种类

★ 袋鼯科

　　袋鼯科包括各种大中型袋鼯类和缟袋貂、环尾袋貂等中型袋貂类。

　　袋鼯科成员除了岩栖环尾袋貂以外均为树栖动物，也有人将大袋鼯和各种环尾袋貂单置环尾袋貂科，均以树叶为食，其中大袋鼯和考拉一样仅食桉树叶，它既是澳大利亚最大的滑翔动物，也是世界上最大型的滑翔动物之一。

　　缟袋貂和其他袋鼯保留在袋鼯科，袋鼯主要食用植物的汁液和昆虫，因为喜食植物的甜汁而又被称作糖袋鼯，缟袋貂则食树干中的昆虫。

袋鼯科拥有一些澳大利亚比较常见的哺乳动物，如袋鼯和普通环尾袋貂，它们广泛分布于澳大利亚的森林地带，时常进入公园和居民区。

★　　树袋熊科

树袋熊科仅树袋熊一种，是无尾的袋貂类，又称无尾熊，或音译为考拉。

树袋熊相貌可爱，颇似玩具熊，受到人们的喜爱，可以说是澳大利亚最受欢迎的一种动物。

树袋熊是严格的树栖动物，看似笨重可爱，在树上却比较灵活，

手指可以对握，善于攀爬，并可以在树间跳跃，且富有攻击性。树袋熊主要以桉树叶为食，分布于澳大利亚从昆士兰到维多利亚之间的沿海桉树林中，在南澳大利亚的袋鼠岛也有分布，并可沿河岸森林分布到部分内陆地区。

昆士兰的树袋熊体形较小，毛发较短；维多利亚的树袋熊体形较大，毛发较长。

★ 鼯科

鼯科包括一些小型的袋貂和袋鼯，大者体重不过几十克，小者体重不到10克。

鼯是本科唯一会滑翔的动物，体重10~14克，是世界上最小的滑翔哺乳动物。

鼯分布于澳大利亚东部，尾侧有两排毛发，看起来似羽毛，又称羽尾袋鼯。分布于新几内亚的羽尾鼠袋貂有和鼯类似的尾巴，但是不能滑翔。

有些分类体系将鼯和羽尾鼠袋貂这两种尾部似羽的成员单分出一科。鼯科的其他成员均有裸露的尾巴，其中几种鼠袋貂如西部鼠袋貂有可以缠绕的尾巴。鼯科的成员多为树栖，善于攀爬，在树上非常灵活，甚至可以在垂直的玻璃上短距离奔跑。只有山鼯一种为陆栖。

山鼯生活在澳大利亚新南威尔士和维多利亚交界处的山区，这里是澳大利亚海拔最高的地区，它也是唯一生活于雪线以上的澳大利亚有袋类动物，在这里的地面上寻找昆虫和植物。

★　　蜜貂科

　　蜜貂科仅蜜貂一种，是体形最小的袋貂，雄性体重不到10克，雌性仅12克。蜜貂吻部极长，又称长吻袋貂，舌头也很长，长吻长舌有助于伸入花中采食花蜜，背部有深浅不一的纵纹，易于辨认。蜜貂尾长而具有缠绕性，帮助其在花丛中攀爬，使其动作更加的灵活。蜜貂仅分布于澳大利亚西南部地区，其生存地区需要有多种植物使其整年均有花蜜可食用。

负　鼠

　　负鼠是有袋目负鼠科的通称，是一种比较原始的有袋类动物，主要产自拉丁美洲。

　　负鼠为中小型兽类，大多数有能缠绕的长尾，因此母负鼠能随身携带幼鼠到处奔跑。尾毛稀疏并覆以鳞片。少数种类尾短而有厚毛。四肢短，均具5趾，拇指大，无爪，能对握。共12属66种，分布于加拿大东南部，向南通过美国东部和墨西哥直到阿根廷境内南纬

47°的广大地区。北美大负鼠、灰四眼负鼠、水负鼠3属有清楚的袋囊，其余的属或没有袋囊，或仅有两条皮褶，雌性有7～25个乳头。

负鼠小的有老鼠那么大，最大的要比猫还大得多。

负鼠的习性

负鼠性情温驯，常常夜间外出，捕食昆虫、蜗牛等小型无脊椎动物，也吃一些植物性食物。平时，负鼠喜欢生活在树上，行动十分小心，常常先用后脚钩住树枝，站稳之后再考虑下一步动作。如果发现树下有入侵者，它并不马上逃跑，而是用前肢紧紧地握住树枝，并睁大两只眼睛，注视着入侵者的一举一动，然后再决定对策。

负鼠会在疾奔中突然立定不动，这种快速"刹车"的本领恐怕在世界上还没有其他动物能与之匹敌。捕捉它们的动物往往会被这

个动作吓得大吃一惊，也急忙"刹车"，并且还会停在那里，好一会儿"丈二和尚摸不着头脑"。而这时，站立不动的负鼠却又突然跃起，疾步逃奔。这种突变使追捕负鼠的动物感到惊慌失措，常常站在那里呆若木鸡，眼睁睁地看着"煮熟的鸭子"又飞了。等追捕者清醒过来想再去捕捉时，负鼠早已跑得无影无踪了。负鼠的这种本领使它们在动物界赢得"刹车手"的称号。

负鼠的天敌很多，比如狼、狗等，都是它们的天敌。在遭遇敌害的时候，它们还是有一些绝活儿的，否则也无法生存到今天。负鼠在来不及躲避敌害时往往装死，有人曾认为负鼠的装死并非骗术，而是它们在大难临头时真的被凶神恶煞的猛兽吓昏了。科学家们运用电生理学的原理对负鼠进行活体脑测试，揭开了这一谜底。针对负鼠身体在不同状况下记录在案的生物电流的数据分析，得出的结论是，负鼠处于装死状态时，它们的大脑一刻也没有停止活动，不但与动物麻醉或酣睡时的生物电流情况大相径庭，甚至在装死时，大脑的工作效率更高。

负鼠的繁衍

有袋类动物普遍妊娠期短，哺乳期长。有袋类动物的胎盘特别原始，所以这样的胎盘叫原始胎盘。胚胎有一个较大的卵黄囊，可以为胚胎提供营养。卵黄消耗完了，胎儿就必须排出母体，爬入母亲的育儿袋中进行母乳喂养。美洲负鼠的孕期一般为12~13天，这么短的时间，幼崽的发育当然很不完全，身体弱小不说，个头也相当小，只有小蠕虫那么大。负鼠每胎产仔6~14只，刚出生的小负鼠长不足2厘米，可以爬进育儿袋继续发育。

负鼠的智商

负鼠是一种原始、低等的哺乳动物。科学家通过电脑计算来估计一种哺乳动物的智商。智商大于1.0者，意味着这个种类的脑子比一般的大；而智商小于1.0者，则说明这个种类的脑子较小。从生物进化的角度来说，人类是最高等的哺乳动物，智商大约为7.5；产于北美洲和中美洲浣熊的智商约为1.4。那么，负鼠的智商是多少呢？大约为0.35～0.57间，所以负鼠是一种最低智商的哺乳动物。

在哺乳动物中，群居社交关系越复杂，说明它的智力越发达。科学家用2～20分来评定动物的群居社会关系：2分是最起码的复杂动物，20分则是最复杂的动物。负鼠除母兽与幼兽之间维持大约3个月时间的母子关系外，其余时间都过独居生活，只具备有限的行为表现，谈不上什么复杂的群居社会关系，所以只能得2分（最低分）。得分最高的当推猿、猴等高等灵长目动物，自然是20分（满分）。

装死的负鼠

★　背景知识

负鼠在躲避敌害时有一个装死的绝招儿，十分灵验，可以迷惑许多敌害。它在即将被擒时，会立即躺倒在地，脸色突然变淡，张开嘴巴，伸出舌头，眼睛紧闭，将长尾巴一直卷在上下颌中间，肚

皮鼓得很大，呼吸和心跳中止，身体不停地剧烈抖动，表情十分痛苦地做假死状，使追捕者一时产生恐惧之感，在反常心理作用下，不再去捕食它。如果这种戏剧性的翻倒还不足以迷惑对方的话，负鼠会从肛门旁边的臭腺排出一种恶臭的黄色液体，这种液体能使对方更加相信它不仅死亡，而且已经腐烂。此刻，当追捕者触摸其身体的任何部位时，它都纹丝不动。大多数捕食者都喜欢新鲜的肉，因为猎物一旦死亡，身体就会腐烂，并且全身布满病菌，遇到这种情况，捕食者就会离去。因此，不少食肉动物看见负鼠的确已经"死"了，鼻孔中一点儿气也不出，连体温都下降了许多，所以就不再管它了。待敌害远离，短则几分钟，长则几小时，负鼠便恢复正常，见周围已没有什么危险，立即爬起来逃走，拣得一条性命。

怎么解释这种违反生理学常规的现象呢？负鼠的骗术是真是假呢？负鼠是不是被吓得休克，过一阵子又清醒过来，并不是有意识地装死，体温的急剧下降或许是有特殊的生理机制呢？

科学家采用一种仪器对负鼠进行检测，才发现了负鼠装死的奥秘。由于动物的大脑细胞能够不断地发出脉冲，形成一种生物电流，所以根据大脑生物电流的特性，完全可以判断出动物是睡觉还是麻木，是昏迷还是清醒。对装死的负鼠进行仪器测试，仪器记录下来的电流图表明，它们在装死时，大脑细胞甚至比平时更为活跃。显然，负鼠在装死时肯定在紧张地等待逃命的机会，它既未昏迷，也没休克，是真正地装死。

负鼠装死时的情况，与癫痫病人的举动实在太像了。不过，人患了癫痫会感到十分痛苦，而且会担心以后复发。然而，负鼠的"癫痫"就不同了，不仅不痛不痒，还是死里逃生的一种绝招儿。一遇到危险，"癫痫"就马上发作。

那么，负鼠的"癫痫"为什么会发作得如此快呢？原来，负鼠

在遭到敌害威胁或袭击时，体内会很快分泌出一种麻痹物质，这种物质迅速进入大脑，会使它立即失去知觉，躺倒在地，似乎已一命归天。这种假戏真做的办法，是大自然赋予负鼠的一种特殊的自卫本能。

负鼠的八卦资料

★　　南美洲袋鼠

有袋类动物并非澳大利亚所特有，在南美洲还有70多种有袋类动物，包括负鼠和它的同类，它们因此被誉为"南美洲袋鼠"。动物

学家描述的第一只有袋类动物并不是在大洋洲,而是在南美洲的巴西。南美洲有袋类动物的起源如何解释呢?一般认为是由于一些偶然的机会,使体形较小、过树栖生活的有袋类动物的祖先,借助于大树的树干或其他物体漂洋过海来到南美洲,由于这里的天敌相对较少,因此得到生存和繁衍。不过,这种"漂移"学说是否正确还有待考证或完善。

别看它们的个头差异很大,却拥有许多共同点:长的口鼻部,像老鼠一样的小尖嘴;小耳朵没毛,薄得有些透明;像软鞭一样能缠绕树枝的长尾巴;每只脚上有5趾,每只后脚上的大拇指能折起来,贴近脚底;50颗功能齐全的牙齿,荤素通吃。这些共同点只是一般而言,短尾负鼠在地面上生活,很少上树,短短的尾巴起着平衡的作用。

★ 美洲骗子王

北美的大部和几乎南美的全部生活着各种各样的负鼠。北美和南美的负鼠是唯一生活在澳大利亚和邻近岛屿之外的有袋类动物。

由于种类的多样性和超强适应环境的能力,美洲负鼠走过了7000万年的漫漫长路。与现在美洲负鼠十分相似的化石,最早见于白垩纪晚期的地层中,可见负鼠科在有袋类动物中是一个相当古老的种群。

白垩纪晚期,即6500万~9000万年前,那时的北美洲和南美洲还紧紧地连在一起。

不久,南北美洲被"扯"开了,当时,只有极少数食草的真兽类出现在南美洲。没有食肉类的天敌,南美洲的有袋类动物(可不止负鼠一种)日子过得无忧无虑。

可惜好景不长，二三百万年前，南北美洲通过巴拿马陆桥搭线再次携起手来，使得真兽类中的食肉动物由北美洲入侵南美洲。南美洲的有袋类动物大都灭绝了，只有负鼠成为不死族，一直活到现在，而且还很兴盛。

因此可以断定，北美洲现存的一种负鼠——弗吉尼亚负鼠，是从南美洲北上的。

哺乳动物包括单孔类、有袋类、有胎盘类三大类群：单孔类动物通过下蛋的方式繁殖后代，如针鼹科动物；有袋类动物属于原始兽类；胎盘类动物则属于真兽类。单孔类动物最原始，有袋类动物进化了一步，胎盘类动物最高级。

最小的负鼠，个头只有田鼠般大；而最大的负鼠——弗吉尼亚负鼠，体长33～54厘米，和小狗的体长差不多。

负鼠被狗、土狼等掠食者追赶时，会发出威慑的噪叫声或嘶叫声，但如果这一招不起作用，它就会装死：身体突然变得瘫软，嘴巴大张，这样"死亡"的姿势可以保持几个小时。倍感困惑的掠食者通常会放弃，悻悻地离去。负鼠的小命保住了，但也因此得了一个"骗子"的坏名声。其实，在紧要关头耍点儿小花招儿也无可非议，因为不装死就得白白送死，那多不划算。

堪比"章鱼帝"保罗的新动物明星

德国莱比锡动物园一只长着一双"对眼儿"的负鼠海蒂近日成为网络明星，势头之盛比肩"章鱼帝"保罗。莱比锡动物园认为海蒂的"对眼儿"可能是因为饮食问题，因为此前它曾被遗弃过。

海蒂的出名源于德国《图片报》的一个活动，当时该报来到莱比锡动物园拍照，为动物园新设的一个主题活动区拍摄动物明星。海蒂因为天生长着一双"对眼儿"，它的照片立即受到人们的关注。很快，海蒂激发了一位作曲家的灵感，他为其写了一首歌，并由3位女孩演唱。

这首歌一发布在网站上便成为点击热门，喜爱海蒂的人们特意在Facebook上为它开设了账户，没想到很快便吸引了超过6.5万名"粉丝"。

★ 《冰河世纪》里的负鼠

　　《冰河世纪2》里的负鼠个性鲜明、叽叽喳喳，负鼠家族在母猛犸象艾丽很小的时候收养了它，使得它浸染了所有负鼠的习性，如爬树、钻岩石缝等，它常常压断大树，也少有岩石缝能容纳它庞大的身躯，可它就是认为自己是只发育比较好的负鼠。

兔耳袋狸

　　兔耳袋狸是澳大利亚最奇特的有袋类动物之一，在欧洲人踏上澳洲大陆之前，世界上一共有两种兔耳袋狸，分为普通兔耳袋狸和小兔耳袋狸两种，前者仅分布于澳洲南部，目前已濒临灭绝，后

者已于1950年灭绝。它的英文俗名Bilby源自新南威尔士州北部的Yuwaalaraay族土著语言。

兔耳袋狸的分类

兔耳袋狸属于脊索动物门，哺乳纲，袋狸目，袋狸科，兔耳袋狸属。而与兔耳袋狸属（兔耳袋狸）同科的动物还有袋狸属（带袋狸）、短鼻袋狸属（短鼻袋狸）、豚足袋狸属（豚足袋狸）等数种哺乳动物。

兔耳袋狸的分布

兔耳袋狸仅见于澳大利亚西南部新南威尔士州和昆士兰州的少数地区。

兔耳袋狸的体形

兔耳袋狸体形纤细，最大个体体长550毫米，尾长230毫米，因耳长似兔而得名。吻长而粗壮，毛柔软且很长，背部的毛呈灰蓝色，腹部为白色，前足有3趾，趾端粗长的爪适于挖土。

兔耳袋狸的生活习性

　　兔耳袋狸夜间活动，不善结群。白天待在地下洞穴中，洞穴很深，距地面1～2米，通常只有1个出口，并隐于干旱草原的灌木丛或草丛中。食性杂，既食昆虫及其幼虫，也食草籽、果实和真菌类。

兔耳袋狸的繁衍

　　兔耳袋狸的育儿袋开口于后下方，一年四季均可交配繁殖，但主要集中于3~5月。母兽的怀孕期为14~17天，每胎1~3仔，哺乳期3~4个月，其间幼崽一直待在育儿袋里，5~6个月大时性成熟，寿命8~10年。

兔耳袋狸的现状

兔耳袋狸现存数量稀少，仅见于澳大利亚干旱地区的孤立片状草丛中。因其皮毛具有商业价值，曾被大量捕杀，目前是澳大利亚的保护动物。

兔耳袋狸的保护

兔耳袋狸在过去的千百年中一直过着安定的生活，直到欧洲人涉足澳洲后，它们才遭到灭顶之灾，狐狸、猫、野猪等外来食肉动物的引入使得原本鲜有天敌的兔耳袋狸家族日渐消亡。另外，过度捕猎以及畜牧业对其栖息地的破坏，更使得兔耳袋狸的生存环境雪上加霜。目前兔耳袋狸已经名列《国际濒危物种保护与贸易公约》。

兔耳袋狸纪念银币

澳大利亚自2010年起推出澳洲丛林动物幼崽彩色纪念银币项目。2011年新年伊始，澳大利亚推出该系列的第四枚——兔耳袋狸纪念银币。该币为澳大利亚法定货币，由珀斯造币厂铸造。

正面图案中央为伊丽莎白女王肖像，币缘分别刊国名、发行年号、面额、材质、成色等信息。

背面图案中央为一只蹲坐在草丛中回头张望的兔耳袋狸，其身体为彩色，形态俏皮可爱，背景为丛林和当地特有的昆虫图案。右上缘刊"Australian bilby"(澳大利亚兔耳袋狸)字样。

第二章
近代灭绝的有袋类动物

自从欧洲人移民到澳大利亚后，引进了许多新的动物，很多有袋类动物的原始生活状态被破坏了。受种种自然因素和社会因素的影响，已有6种小型袋鼠灭绝。由于人类经济活动的加剧，对今后有袋类动物的生存带来很多不利的影响，对现存的有袋类动物如果不严加保护，这个在兽类演化进程中十分独特、具有重要学术意义的类群，终将随着人类经济活动的进一步增加，而迅速减少或灭绝。

豚足袋狸

　　豚足袋狸是一种小型草食性的袋狸，分布在澳大利亚内陆干旱及半干旱的平原。

　　与其他有袋类动物一样，袋狸是澳大利亚特有的动物，而豚足袋狸又是袋狸家族中的珍稀品种。豚足袋狸体长约0.25米，尾长约0.1米，大耳朵，鼻子又尖又长，面部特征非常像老鼠。豚足袋狸外观比野兔要瘦小些，四肢细长，通体的毛色呈灰褐色，腹部以下颜色略浅，外观非常漂亮。与其他种类的袋狸相比，它的前肢很像猪蹄，豚足袋狸的名称由此而来。

豚足袋狸的习性

豚足袋狸常常选择靠近水源但比较干燥的地方打洞穴居，洞穴一般深约0.3米，白天在洞中睡觉，晚上才外出觅食。豚足袋狸的领土意识非常强，为了保卫自己的家园，雄性袋狸往往与侵略者做殊死搏斗,不惜牺牲自己的生命。尽管如此，由于豚足袋狸的体形娇小，势单力薄，常常成为其他动物的牺牲品，惨遭杀害的事经常发生。

几乎所有的食肉动物都是豚足袋狸的天敌，其中以狐狸和澳洲野犬为甚。但豚足袋狸最大的威胁还是来自人类无止境的垦荒运动。由于澳大利亚人口的增长，垦荒、放牧等不断发展，再加上外来动物，如狐、犬等的引入，使豚足袋狸逐渐丧失了栖息地，种群数量锐减。1970年12月2日，澳大利亚政府宣布豚足袋狸为濒危动物。但事实上自1926年以来，就没有任何有关它们的报道了，世界上很多动物学家认为豚足袋狸在那时已经灭绝了，动物学家推测野生豚足袋狸的灭绝时间为1907年。

豚足袋狸的特征

豚足袋狸约有小猫大小，外观像兔耳袋狸，有细长的四肢，耳朵大而且尖，尾巴很长。豚足袋狸在近看时很奇特，前肢有两趾，指甲像蹄，有点儿像猪或鹿。后肢四趾较大，趾上的爪像小马的蹄，其他的趾都已退化。

豚足袋狸的行为

　　很少人可以见到活的豚足袋狸，有记载说它们移动得很缓慢，像是拖着后肢在走路。但土著居民却说它们白天在巢中睡觉，被骚扰时走得很快。也有的报道说它们是栖息在树穴中，或会挖掘短的隧道来筑巢。

豚足袋狸的标本

　　豚足袋狸的第一个标本是于1836年在维多利亚北部近穆理河及

马兰比吉河交界处采集的。其余的标本是在南澳洲、西澳洲及北领地的干旱地区采集的。最后的标本是于1901年采集的。

豚足袋狸的分类

豚足袋狸以往是与兔耳袋狸一起分类在袋狸科，但是由于它们的外观与普通的袋狸及兔耳袋狸相距甚远，加上分子证据显示它们的不同，所以后来豚足袋狸分在豚足袋狸科。

豚足袋狸的保育状况

豚足袋狸在欧洲殖民前已经不容易见到，从19世纪开始相关的科学记录时就已经大幅减少。到20世纪初时，它们就已经在西澳洲灭绝了，但灭绝原因不明。它们消失时，狐狸及野兔尚未到达西澳洲，而野猫则有可能掠食它们。它们最有可能是因为失去栖息地而灭亡。

根据其食道及齿列结构，以及标本内的食物，豚足袋狸似乎主要是草食性。另外，它们也喜欢吃肉，食物包括蚂蚁和白蚁。

巨兔袋狸

巨兔袋狸与其他有袋类动物一样生活在澳大利亚，它是袋狸科中体形较大的一种，体长0.4～0.6米，尾长0.23～0.3米。与其他袋狸一样，巨兔袋狸的鼻子又尖又长，而它的耳朵却比其他袋狸长很多，很像兔子的耳朵，再加上它身躯粗壮，从远处看往往会错认为是一只兔子，巨兔袋狸的名字也因此得来。

巨兔袋狸的生活习性

巨兔袋狸喜欢生活在草原上，除繁殖季节外，每只都有自己生活的区域范围。它是独栖的夜行性动物，白天在窝里休息、睡觉，傍晚以后出来活动觅食。它的窝大部分是在地面聚集一堆植物筑成，也有少数挖洞而居，天冷时，喜欢在向阳处晒太阳。巨兔袋狸的行动异常迅速，跳起来也很像兔子，受到惊吓时往往会先跳几下，然后迅速逃离，睡觉时睡得很死。夏末或秋季是巨兔袋狸产仔的季节，每胎产4只幼崽，幼崽出生后立即叼着雌兽的乳头并抓住雌兽的毛，幼崽必须随雌兽一起生活到翌年春天，一年后性成熟。

巨兔袋狸的存在历史

澳大利亚的食肉动物很少，只有袋狼、狼狸、野狗等几种，它们是巨兔袋狸的主要天敌，而这些天敌捕食的大多是一些老弱病残的巨兔袋狸，对巨兔袋狸的种群数量构不成威胁，相反却能更好地控制它们的种群质量。造成巨兔袋狸最终灭绝的主要原因是人类的捕杀和它们的栖息地遭到破坏。人类的行为直接导致巨兔袋狸的灭绝。1930年后，再也没有人发现过巨兔袋狸的踪迹。

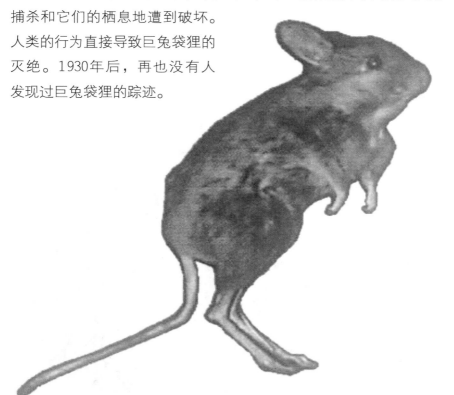

袋　狼

　　袋狼因背部长着像老虎一样的黑色条纹，所以又名塔斯马尼亚虎，是近代体形最大的食肉有袋类动物，其祖先可能广泛分布于新几内亚热带雨林、澳大利亚草原等地。和袋鼠一样，袋狼母体有育儿袋，产不成熟的幼崽，并且为夜行性动物。

袋狼简介

　　袋狼长着类似狼的脑袋和像狗的身子，还有能张开很大的利爪。

　　这种只在塔斯马尼亚才有的珍稀动物在100年前曾经繁荣一时，但由于会袭击羊，它遭到了被欧洲移民猎杀的灭顶之灾。但后经科学家剖析其骨骼发现，袋狼的身体各部分骨骼都十分脆弱，根本不可能啃食山羊，甚至连接近山羊都很容易被其顶伤。

袋狼的身体特征

　　袋狼曾广泛分布于澳大利亚大陆及附近岛屿上。欧洲移民定居澳大利亚后，随着人类活动的干预，野生种群已经灭绝。

袋狼肩高60厘米，体长100~130厘米，尾长50～65厘米，体重约29千克，毛色土灰或黄棕色，背部生有14～18条黑色条纹。毛发短密且十分坚硬，口裂很长，前足5趾，后足4趾。袋狼腹部有向后开口的育儿袋，袋内有2对乳头，尾巴细而长。

这是一种难以形容的奇妙动物，从它的头和牙来看，像是一只狼，然而背部又有老虎一样的条纹。

袋狼可以像鬣狗一样用四条腿奔跑，也可以像小袋鼠那样用后腿跳跃行走。这种动物有其他种类动物的特征，却又有特别的地方，所以它还被人们叫作塔斯马尼亚虎、斑马狼等等。

在四足肉食性动物中，袋狼的嘴巴可以张开180度，这样撕咬的范围就更大。

同时，袋狼这种古老的食肉兽有着较多的原始特征，和更晚些的猫科、犬科兽类相比，它的骨骼比较纤细，肌肉爆发力不大，而能够大张的口腔骨骼构造则显示其咬合力较弱。袋狼白天栖息于洞穴里或者空心的原木中，晚上很活跃，会成群行动捕食袋鼠、沙袋鼠和绵羊。

但是在澳大利亚，由于长期封闭，只有有袋类动物存在，没有竞争的威胁，善于乘黑夜捕捉袋鼠的袋狼得以悠然生活，它们的足迹遍布澳大利亚各地。

袋狼的生活习性

袋狼生活在开阔的林地和草原，多单独或以家庭形式捕食。因其口裂很大，捕食动物时常将猎物的头骨咬碎，使猎物结束生命。袋狼夏季交配，每胎产3～4只幼崽。

幼崽在母兽育儿袋里哺育3个月后可独自活动，但仍待在母兽身边约9个月之久。

袋狼原本生活在树木较为稀疏的地方或者草原上，然而，自从移居者来到它们生活的土地上后，它们就躲到了远方的森林中去。

093

追捕猎物时，它们跑得并不快，但是会紧追不舍，直到猎物疲惫不堪为止。

袋狼已经灭绝

自从塔斯马尼亚岛上来了新的移民后，袋狼的生存就出现了危机。最后一只袋狼于1936年9月7日死于塔斯马尼亚岛上的霍巴特动物园。

人们在澳大利亚的岩石上发现了古代居民于1万年前绘成的壁画，从中知道了在很久很久以前，袋狼曾经生存在这片古老的土地上。

奇妙的是，在塔斯马尼亚岛上，有一个袋狼保护区。这样做是否表明了一种心理上的补偿呢？总而言之，这么珍贵的动物——袋

狼灭绝了。

尽管与澳大利亚土著居民共同生活了1万年以上，但是随着新世界被人类发现，在一瞬间，袋狼终于在地球上永远地消失了。

★ 原图说法之一

自1770年英国探险家科克到澳大利亚探险以来，移民们就把袋狼当作敌人，认为其是"杀羊魔"，并且在政府的奖赏制度鼓励下进行大肆屠杀，使其近乎绝迹。

当政府发现情况不妙，欲停止大肆屠杀时，情况已经无法挽救。实际上，袋狼并非是专门袭击羊群的野狼，它们一般情况下只袭击袋鼠，以免袋鼠泛滥成灾，大量食用青草，造成生态危机。

1933年，有人捕获了一只袋狼，命名为班哲明，饲养在霍巴特动物园，班哲明于1936年死亡，此后再没有活袋狼存在的消息。

★ 原图说法之二

来自澳大利亚的袋狼化石距今有3000年，普遍认为袋狼之所以从澳大利亚和新几内亚消失是因为早期亚洲移民引进了家狗。

家狗的引进可能发生在1万年以前，这些狗(称作澳洲野犬)形成了野化种群，并引发了与袋狼的生态竞争。

直到18世纪晚期，欧洲殖民者到来之前，塔斯马尼亚的袋狼还是安全的。最初袋狼被归为袋鼬科家族，然而经过科学家们仔细考虑，它被划分为一个单独的有袋目科，命名为袋狼科。

但是袋狼科与袋鼬科有着亲近的进化亲缘关系，一般认为袋狼科是从袋鼬科家系中发展出来的。

基因复制

澳大利亚及美国科学家2008年5月20日表示，他们把袋狼的去氧核糖核酸注入发展中的小鼠晶胚，并在这个晶胚形成软骨和其他骨骼的过程中发挥了重要作用。

这种方式虽然离复制袋狼尚远，但可以取得已绝种动物遗传成分的资讯，可望用来研发新的生物医药，比如可以促进软骨发育的基因。

澳大利亚墨尔本大学的安德鲁·帕斯克教授领导了这项研究，他说："这是第一次利用从灭绝物种中提取的DNA，诱使另一种活的有机体产生功能性反应。随着越来越多的动物走向灭绝，我们正在不断地失去对基因功能及其潜力的了解。"所以，这项研究可以帮助扭转这一局面。

这项研究证明，从灭绝动物体内提取的DNA能够重新被激活。一些袋狼幼崽标本曾经被完好地保存了下来。几家博物馆也曾采集袋狼的组织，并用酒精保存起来作为馆藏品。

帕斯克的科研组提取了DNA片断，挑选出一种"增强子"和一种能产生胶原质的Col2a1基因。虽然它本身并不是一个基因，但是这个成分能帮助基因发挥功能。将这个DNA放入老鼠晶胚内，它被"开启"，帮助软骨(形成骨骼的最初阶段)发育。科学家表示，该研究对了解已经灭绝动物的生物学特性有很大帮助。

墨尔本大学动物系教授任芙莉表示，生物绝种速率增快得惊人，尤其是哺乳类动物，所以这项研究成果的意义重大。研究团队使用的方法显示，可以接触到已绝种动物的生物多态性，让它不至于完全消失。

袋狼灭绝的争论

1967年，在动物学界确信袋狼已经灭绝30余年之后，澳大利亚一份动物学杂志上刊出一篇目击者报告，报告者大卫声称，在西澳大利亚尤克拉以西110千米的一个石灰岩山洞里，发现一具腐烂的动物尸体，尸体身上大部分软组织已经腐烂，或被昆虫啮食，露出根根白骨，但背部残留皮毛上深褐色的虎皮斑纹却清晰可见，残存的舌头和左侧眼珠也具有袋狼的特征。这篇报告引起了动物学家们的注意，因为人们虽然曾经几次在塔斯马尼亚岛上大肆寻找袋狼，但却未曾想到在更为广阔的澳大利亚大陆上寻找。难道澳大利亚大陆上的袋狼至今没有灭绝吗？

大卫发现的这具动物尸体后来被运到西澳大利亚自然博物馆，经专家鉴定确认为袋狼无疑。然而，在确定袋狼死去的时间时，专家们存在分歧。

有些专家认定尸体是几千年以前的干尸，这与澳大利亚大陆上袋狼在几千年前就已灭绝的传统观点相符。

另一些专家则认为，尸体虽然已经腐烂，但相对来说还是新鲜的，这说明动物死去的时间不长，因而袋狼很可能仍在澳大利亚大陆上生存着。

正当专家们为这只袋狼死亡时间争论不休之际，《西澳大利亚博物学家》杂志在1967年10月又刊出一篇报告，报告者是一位在澳大利亚工作的苏联科学家巴拉莫诺夫。他声称，在新南威尔士的瓦拉戈河附近，他曾亲眼目睹活的袋狼。

这篇报告再度引起学术界注意，然而，由于它出自非专业人员之手，又未提供可作为研究依据的标本材料，所以没有得到动物学家们的正式承认。

尽管如此，这两篇报告的发表，燃起了人们在澳大利亚大陆重新发现袋狼的希望。

从那时至今，一些动物学家在人迹罕至、辽阔荒凉的澳大利亚西南部丛林中寻找袋狼的踪迹，就像人们在亚洲和美洲大陆上寻找野人一样。

袋狼是否还存在于世，成了澳大利亚动物爱好者心目中一个激动人心的谜。

1985年2月，5张野生动物的彩色照片从澳大利亚西部偏远的基洛恩寄到佩思市西澳大利亚自然博物馆，交给该馆高级研究员道拉斯博士研究鉴定。

道拉斯惊奇地发现，这是袋狼的照片！为了慎重起见，道拉斯又将照片送给悉尼动物园主任、澳大利亚博物馆馆长等权威人士鉴定，专家们都同意道拉斯的鉴定意见，认定照片是无懈可击的，照片上的动物确实是袋狼。照片是一位名叫卡曼隆的澳大利亚土著猎人拍摄的。

多年来，卡曼隆一直在丛林中寻找袋狼，据称他曾多次见到这种被认为已经绝迹的珍奇动物。道拉斯在收到卡曼隆寄来的照片后，曾两次会见这位富有传奇色彩的土著猎人，他的观察报告，他对袋狼的外貌、动作特征的描述，他用石膏灌制的脚印模型，都使道拉斯觉得真实可信。

1986年，道拉斯在英国《新科学家》杂志上著文，并发表了卡曼隆拍摄的袋狼照片，他确信，袋狼并没有绝迹，活捉这种珍奇动物只是时间早晚的问题。

然而，澳大利亚和世界上许多动物学权威人士仍然对此持怀疑态度。

他们认为，单凭口头描述、脚印和照片，要想推翻澳大利亚大陆袋狼在几千年前就已灭绝的结论，未免证据不足。

099

复活袋狼

★ 克隆技术

1999年5月，澳大利亚国立博物馆决定启动运用克隆技术复活袋狼的项目。

2002年5月，克隆项目小组宣布，袋狼DNA酶复制成功，从库存标本瓶中浸泡着的一只袋狼幼崽的体内细胞中成功提取了克隆所需的DNA。

2009年2月，澳大利亚博物馆囿于现有技术条件不得不忍痛中止袋狼的克隆项目。消息一经传出，澳洲各大小报刊竞相转载，一时间人们无不为之扼腕叹息，更有媒体干脆报道说"克隆项目已彻底失败""该研究项目已遭放弃"，失望之情溢于言表，与数年前该博物馆宣布启动克隆项目时

所造成的轰动效应形成巨大的反差。

★　　基因组测序

　　一个古生物学家指出，陈列在博物馆中的袋狼样本可以用来提取可用遗传物质DNA。得到这些DNA片段的序列仅仅是第一步，还要想办法把这些序列拼接起来得到完整的基因组。如果袋狼的整个基因组序列被测定了，把实验室得到的、携带有袋狼全序列基因组的核酸，植入袋狼的近亲物种袋獾的去核卵细胞中，然后再植入袋獾的子宫中进行发育，在顺利的情况下，就能诞生一只小袋狼。

东袋狸

　　世界上大部分的有袋类动物生活在澳大利亚、塔斯马尼亚及新几内亚和邻近岛屿，东袋狸也不例外。东袋狸体长0.24～0.35米，重约0.8千克，鼻子非常尖，尾巴短，只有约0.06米长，脸尖耳阔，眼睛小而圆，从头部看很像老鼠，后肢发达，与其他有袋类动物一样靠后肢跳跃前行。

东袋狸的物种分类

东袋狸属脊索动物门，脊椎动物亚门，哺乳纲，有袋目，袋狸科。

东袋狸的分布范围

东袋狸分布在澳大利亚东部的昆士兰州至维多利亚州。

东袋狸简介

东袋狸的毛呈棕褐色，身体后半部有数量不等的白色条纹，从条纹上看很容易与其他袋狸进行区分。雌性有8个乳头，每胎产2～6仔。

东袋狸对环境的适应能力非常强，从低地雨林和耕地至沙漠和3000米以上的高山地带都可生存。它们一般在清晨和傍晚活动觅食，主要依靠在土壤中挖掘来捕获食物，主要以虫子为食，也吃一些比它们还小的鼠类动物和一些植物的根茎、块茎。

东袋狸的现状

100多年前，东袋狸生活在澳大利亚南部，不幸的是，自1893年起，这个地区再也没有见过东袋狸。

被人驯养的动物如猫和狗对东袋狸造成了很大威胁，同时人类的一系列活动也造成了东袋狸栖息地的急速减少。

东袋狸是一种夜行性动物。它们选择窝的地点非常随意，只要窝周围的地面被浓密的植物遮掩即可，而且它们不用走太远去捕食，墓地、花园、公园、农田和树林是很普遍的地点。它们的窝由草做成，经常可以在足够隐蔽的矮树丛中找到。而雌性东袋狸只在哺育幼崽的时候才单独建窝。

东袋狸的繁殖期一般整年都有，但在夏季比较少一点儿。在

干旱的季节，繁殖会停止，直到环境恢复到比较舒适的时候才继续开始。

东袋狸的怀孕期约为12天，一窝约生3只幼崽。幼崽出生后，它们大约会在育儿袋中待8周，并在其中断奶。

一旦一窝幼崽全部断奶，雌性东袋狸可以立即再产下一窝幼崽。一只雌性东袋狸一年中可能会产3~4窝，东袋狸的平均寿命约为2.5年。

东袋狸灭绝的原因

东袋狸曾经是澳大利亚数量最多的一种袋狸，但因为它们寻找食物时往往会毁坏农田和花园，因此长期以来一直被人们当作害兽

而遭到捕杀，人们不但用夹子捕杀它们，还在食物中拌进毒药投放到它们生活的地方，致使大量东袋狸被毒死。

19世纪后期，人们大量砍伐雨林和垦荒种田同样给它们带来了厄运，人们的行为使东袋狸数量骤减，但人们的捕杀行动及破坏它们栖息地的行为并没有停止。在人类的干预下，东袋狸在1940年全部灭绝。

第三章
远古时代的有袋类动物

在白垩纪，有袋类动物可能遍布于世界大部分地区。随着真兽类的兴起，它们在生存竞争上处于劣势，特别是成为食肉类动物的捕食对象，使其在亚洲、欧洲和非洲等大陆相继绝迹。

经过陨石浩劫，恐龙灭绝的1500万年后，新生代初期，恐龙的位置顺理成章地让给哺乳类动物。有袋类是哺乳动物的一个目，主要分布在大洋洲，此外美洲也有少数。

袋剑齿虎

生存年代：上新世～早更新世

生物学分类：有袋目

主要化石产地：南美洲

体形特征：身长1.5～2米

食性：肉食性

释义：有育儿袋的刀刃（虎）

场景还原

　　黄昏将至，但照在草原上的阳光依然强烈。近2米高的蒿草地深处，一只雌袋剑齿虎从沉睡中醒来，舔了舔剑齿上残留的血迹，用前爪拍醒身边的孩子。这只小袋剑齿虎已接近成年，马上就可以独自生活了。不幸的是，在昨天与母亲共同进行的一次捕猎中，它被后弓兽踢断了下巴，折断了左边的护叶。雌袋剑齿虎对此倒不担心，因为这种骨折通常很快就会愈合。但它这时却莫名其妙地焦虑起来，在草丛中来回踱步，不时用头顶顶仍在迷糊中的小袋剑齿虎，喉咙里发出烦躁的咕噜声。它抬起一只前爪，在自己的肚皮上轻轻地抚摸几下，一个小东西的脑袋从开口朝后的育儿袋里露了出来。这是

它的又一个孩子，刚刚长出绒毛和剑齿。不过最多再过一个月，它就要爬出育儿袋，到外面的世界生活了。也正是因为它的存在，雌袋剑齿虎的母爱已经转移，眼下只是一心一意爱抚着这个婴儿，对不远处受伤的小袋剑齿虎毫不在意。终于，它打定主意，小心地把幼袋剑齿虎的脑袋推回育儿袋里，无声无息地离开了……

新生代开始后不久，南美洲在漂移作用下与其他大陆隔绝，这块土地上的各种动物也走上了独特的进化道路。这里的王者并不是哺乳动物，而是巨大、地栖的西贝鳄类和曲带鸟类。随着中新世末期全球气候剧变，南美洲的大片森林被干燥开阔的草原取代，不能适应新环境的西贝鳄类趋于消失，曲带鸟一族也有所衰弱，而哺乳类动物则不失时机地推出了自己的顶级杀手。

早中新世，从原始的树栖有袋类动物中演化出了一群地栖且善于奔跑的食肉动物，被称为南美袋犬。它们有庞大粗重的头和善于压碎食物的牙齿，有点儿像鬣狗的样子。这个类群很快分化出了许多不同的成员，其中有一支在早上新世长出了剑齿，成为奇特而可

怕的捕食者——袋剑齿虎，它们和当时北美洲的剑齿猫科动物虽然扯不上任何关系，但却进化成了相似的样子，成为平行进化的一个典型范例。之所以如此，是由于它们的生存环境和生活方式比较接

近，大自然对其选择的标准也就大同小异了。

目前只发现了两种袋剑齿虎，其中较大的黑袋剑齿虎体重达110千克，相当于豹子甚至美洲虎的大小，四肢粗短，尤其是前肢非常发达。作为有袋类动物成员之一，它们与袋鼠一样长有4对臼齿，而大多数哺乳动物，也就是真兽类一般只有3对臼齿。

袋剑齿虎虽然不是南美有袋类动物中最大的，但却最为强悍。发达的剑齿和强劲的身体使它们能够捕食当地的绝大多数食草动物，可能主要采取隐蔽突袭的方式，弥补奔跑能力差的不足。

在200多万年前的上新世末期，北美洲的各种哺乳类动物开始向南方挺进，它们在进化程度和竞争力上远强于长期处于稳定环境中的南美洲动物，于是，很快袋剑齿虎在刃齿虎、恐狼等强大的入侵者面前败下阵来，和众多南美洲动物一起被淘汰。

袋　狮

生存年代：更新世

生物学分类：有袋目

主要化石产地：澳大利亚

体形特征：身长1.8米

食性：肉食性

释义：具有育儿袋的狮子

场景还原

晚更新世的澳大利亚与今天的景象大不相同，东北部的昆士兰州密布着大片森林，其中的动植物资源异常丰富。清晨，林中的一棵大树下，一头豹子般大的袋狮正急急地拖曳着它的美餐——一头幼小的双门齿兽，这是袋狮巨大的食草亲戚。虽说只是幼崽，但其体重却是袋狮的3倍，以至于袋狮无法将其拖到树上悠闲地享用，只能尝试从各个方向移动猎物。

猎物死亡的气息正向四处弥漫，用不了多久，嗅觉灵敏的肉食性动物就会从各个方向寻来。袋狮可不愿意和这些肉食性动物纠缠，几次尝试后，它放弃了移动猎物的行动，迅速撕开猎物的肚皮，拼

113

命吞咽起温热的内脏……

澳洲大陆自古就是有袋类动物的乐园，作为其中顶级掠食者的袋狮自然也不例外，它们属于有袋目中的双门齿类。很难想象，史前时代庞大但温驯的双门齿兽以及现代澳洲象征之一的考拉，就是袋狮类最近的亲戚。早在1859年，袋狮化石就被大名鼎鼎的古生物学家理查德·欧文研究过，并被称为"凶猛且带有极大破坏性的食肉猛兽"。

从复原后的化石看，袋狮身体粗壮、结实，头部相对较小，前肢强壮，并且比后肢长。其特有的2颗门齿异常发达，下颌相当有力，适于猎杀。前肢有5趾，其中拇趾尤其发达，可以对握且有锋利的爪，这在非灵长类动物中是极其罕见的，因此袋狮树栖觅食说得到了学界的首肯。它们往往利用丛林的掩护进行突然袭击，用锋利的爪牢牢地抓住猎物的身体，不让其挣脱，并用前肢强大的力量迅速压制住猎物，接着用有力的门齿咬向猎物的咽喉或鼻子，在巨大咬力的作用下，即便是大型的双门齿兽也难逃一劫。

澳大利亚悉尼大学一个研究小组在分析了39类灭绝和现存肉食性哺乳动物的犬齿，并考虑动物咬力和其身体大小的相对关系后得出了一个结论：袋狮是史前食肉猛兽中咬力最强的。

从澳洲大陆脊椎动物的发展史来看，确实与别的大陆有明显的差异，一些地栖鳄鱼和巨犀长期占据着食物链的顶端，而作为哺乳动物在澳洲的主要代表——有袋类动物，却长期没能演化出真正的霸主型的猎手，直到更新世时袋狮的登场，澳洲有袋类动物总算有了配冠以"猛兽"称号的代表了。它们虽然比真正的狮子要小得多，但已经是有史以来最大的有袋食肉动物，比更古老的食肉袋鼠类和南美洲的袋剑齿虎还要大。

　　直到距今5万年前或更近，也许是在人类烧荒的烈火中，也许是在因人类而出现的澳洲野犬的狂吠中，最后一只袋狮终于消失在这块神奇的大陆上。

115

强齿袋鼠

生存年代：中新世

生物学分类：有袋目

主要化石产地：澳大利亚

体形特征：身长1.5～1.7米，高约1.5米

食性：肉食性

释义：强壮的牙齿(兽)

场景还原

澳大利亚的东部平原上，一群红袋鼠正在休息，几只小家伙在模仿成年袋鼠的搏斗。在这片祥和景象的背后，几只相貌狰狞的强齿袋鼠窥视着这一切。这是一种大型的肉食性袋鼠，平日就靠捕杀它们的袋鼠同类生活。现在它们盯上了这群红袋鼠，没有隐藏自己而是明目张胆地冲了出来。红袋鼠张望了一下，开始逃跑，依靠强壮的四肢和短距离内快速的奔跑能力，强齿袋鼠很快就追上了红袋鼠，用强壮的前肢对猎物一阵猛抓，使几只红袋鼠失去平衡摔倒在地，并用锋利的牙齿将它们咬得遍体鳞伤。要不了多久，这里就什么也不会留下了……

21世纪初期，澳大利亚古生物学家声称在昆士兰州西北部发现了新的肉食性袋鼠化石材料，这些新的化石将会让人们更深入地了解它们是多么奇异的动物。

其实，肉食性袋鼠并不是一种动物，而是包括强齿袋鼠、原麝袋鼠和杰氏袋鼠3个属的成员。它们虽然也是吃肉的有袋类动物，但却与更著名的袋狮、袋狼等并不相同。经过澳大利亚古生物学家的研究，人们发现这些肉食性袋鼠的亲缘关系很近，能分到同一个亚科——原麝袋鼠亚科中，亲缘关系上与现代的麝袋鼠最密切。麝袋鼠是现存袋鼠中个体最小、最原始的，它们并不像大多数袋鼠那样只用两条后腿跳跃，而是以四足跳跃或奔跑的方式行动。

1985年，人们发现了一种牙齿特别强壮的肉食性袋鼠，故将其命名为强齿袋鼠。其中最出名的是死神强齿袋鼠，其名称源自澳洲土著部落一直称呼这些化石是"宣布死亡"的袋鼠。这种袋鼠虽然体形较小，长度只有1.5米左右，但却是到目前为止人们发现的最古老的肉食性袋鼠。

强齿袋鼠最早出现在早中新世，很可能是晚期肉食性袋鼠的共同祖先，新近发现的更多化石也支持这种看法。最后一类则是1993年才在昆士兰州发现的杰氏袋鼠，主要生活在早上新世。当它们逐渐走向没落时，肉食性袋鼠家族的黄金时代也就结束了。

与现代人熟悉的大袋鼠不同，肉食性袋鼠的前后肢长度差不多，粗壮的前肢上长有利爪。一般认为，它们和麝袋鼠一样是四肢行走的，加上它们较瘦的身躯和长方形的头骨，看上去更像一只长腿粗尾巴的狼。古生物学家认为，肉食性袋鼠应该是性情凶暴、能快速追逐其他动物的猛兽，并且聚成小群生活，是当时澳洲草原上诸多草食性有袋类动物的噩梦。

肉食性袋鼠的裂齿不如袋狮、袋狼发达，也没有猫科、犬科动物那样强大的犬齿，它们的秘密武器是特殊的门齿和前臼齿。如原麝袋鼠的上门齿很粗壮，向前下方生长，而水平向前的下门齿则大得更多，几乎占下颌长度的1/3，齿刃锋利。另外，其第三前臼齿特别粗大，如同一把锉刀。它们在近身攻击时，会用强壮的前肢控制住猎物，然后张开嘴用门齿将其咬住。这时，锋利的下门齿就会像刀子一样深深地刺进猎物的要害部位，再加上锉刀般的前臼齿配合撕咬，任何猎物都会很快血肉模糊。

不过，人们虽然已对肉食性袋鼠有了一定的了解，但随之而来的问题也更多了：它们的祖先是谁？它们是怎么进化出这样的形态的？目前科学家还无法回答这些问题，或许我们只能把解决这些问题的希望寄托在澳大利亚这片古老的土地上，希望更多的化石能够解开围绕着它们的层层谜团。

中国袋兽

生存年代：早白垩纪

生物学分类：三尖齿兽类

主要化石产地：中国

体形特征：身长15～20厘米

食性：肉食性

释义：来自中国的有袋兽类

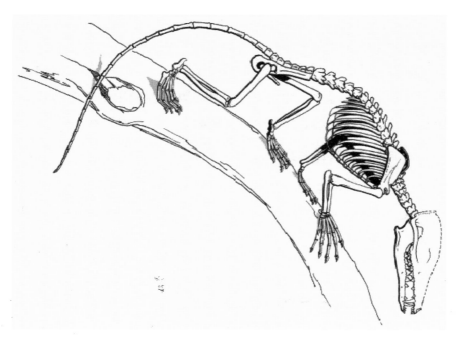

119

场景还原

早白垩纪一个阳光灿烂的午后，一个巴掌大、浑身毛茸茸的小东西——中国袋兽灵活地爬上了一棵银杏树的枝头，以迅雷不及掩耳的速度咬住趴伏其上的一只古蝉。古蝉翻腾着试图逃脱，而老练的中国袋兽则猛烈地甩动身体，鼓胀的肚子、粉红的口腔、细碎的尖牙一起战斗，不一会儿古蝉便碎翅纷飞，残肢四散。

饱餐一顿之后，中国袋兽透过前面银杏林繁密的枝叶，望着远方不断冒出烟雾的火山，抱着树干慢慢地睡着了。此时，它的宝宝正从育儿袋中伸出小脑袋四下张望，不一会儿又钻了回去。这个小家伙要好好成长，才能更快地离开妈妈，独自闯天涯。

2003年12月，《科学》杂志上刊登了华裔古生物学家罗哲西教授的一篇论文，描述了中国辽宁凌原市热河生物群的下层地层中，发掘出一件可以追溯到1.25亿年前的早白垩纪动物化石，其特征与有袋类哺乳动物有许多共同之处。这就将已发现完整骨骼的有袋类动物化石向前推进了5000万年，同时还进一步证明我国可能是早白垩纪时期最早的亚兽类(有袋类哺乳动物)、真兽类的分化中心。罗哲西教授将它命名为沙氏中国袋兽，种名"沙氏"是为了纪念著名的哺乳动物学家沙扎莱。

2001年，我国学者季强访美时将这件中国袋兽的化石带到了罗

哲西教授的实验室，当时他们虽然还不能确定它属于有袋类动物，但由于此前已在相同的辽西义县地层中出土过始祖兽，而且与辽西同处热河生物群的乌兹别克斯坦也发现了7500万年前的有袋类动物化石，他们认为年代更古老的义县地层很可能同样存在着有袋类动物。此后的事实证明了他们的推测，而且中国袋兽应该位于有袋类动物进化枝的最底端。

中国袋兽的前齿很接近史前和现代的有袋类动物，尤其是后上门齿呈不对称的钻石形状，几乎与现代的有袋类动物袋貂如出一辙，而与白垩纪的真兽类都不相似。它们的手腕和脚踝体现了更多有利于抓取物品的有袋类动物的特征，白垩纪的真兽类也不具备。

其腕骨和踝骨化石还显示，体重在25～40克的中国袋兽还是身轻如燕的攀爬高手，早白垩纪的银杏、苏铁、松柏和蕨类都能成为它们的栖身之所。罗哲西教授认为，从地面到空中对于动物来说是一种生存范围的扩张，会让动物更好地适应环境并生存下去。

关于早期哺乳动物的进化，一种观点认为，真兽亚纲和亚兽亚纲的哺乳动物都起源于北方大陆，早期的亚兽类从亚洲、北美洲传到了整个美洲，最后才传到澳大利亚。中国袋兽的发现为这一理论提供了有力的支持。

现在，有袋类动物的早期历史已基本可以归纳如下：在不晚于1.25亿年前早白垩纪的时候，亚兽亚纲和真兽亚纲完成了分化。此后，在1.2亿～1亿年前，亚兽类在北美洲和亚洲继续自己的进化过程，直到古新世在南美洲最终分化出最接近现代有袋类动物的类群。因为有袋类动物和有胎盘动物构成了现存所有哺乳动物总数的99.9％，这一分化极大地影响了地球上生命的历史。